寻觅大自然

从未见过的古生物世界

高　阳 / 编著

济南出版社

图书在版编目（CIP）数据

寻觅大自然：从未见过的古生物世界 / 高阳编著 .
济南：济南出版社，2025. 1. -- ISBN 978-7-5488
-6987-0

Ⅰ. Q91-49

中国国家版本馆 CIP 数据核字第 2025Q1F525 号

寻觅大自然：从未见过的古生物世界
XUNMI DAZIRAN CONGWEI JIANGUO DE GUSHENGWU SHIJIE
高阳　编著

出 版 人　谢金岭
特约专家　冯力骏
责任编辑　雷　蕾
封面设计　焦萍萍
插　　图　陈　希　李冉冉

出版发行　济南出版社
地　　址　山东省济南市二环南路 1 号（250002）
编 辑 部　（0531）81769063
发行电话　（0531）67817923　86018273
　　　　　86131701　86922073
印　　刷　济南乾丰云印刷科技有限公司
版　　次　2025 年 1 月第 1 版
印　　次　2025 年 1 月第 1 次印刷
开　　本　170mm×240mm　16 开
印　　张　6.75
字　　数　90 千
书　　号　ISBN 978-7-5488-6987-0
定　　价　35.00 元

如有印装质量问题　请与出版社出版部联系调换
电话：0531-86131736

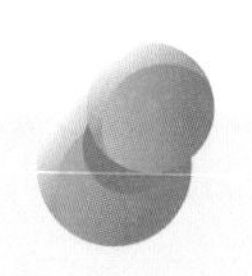

讲解员人物卡片

姓名：丁小香

身高：155 厘米

血型：无私的 O 型

星座：

向往无拘无束的生活，对世间万物都充满兴趣的好奇宝宝——水瓶座

爱吃的水果：

猕猴桃、香蕉、梨

最喜欢的运动：

跑步、打羽毛球

兴趣、爱好：

追求未知，探究世界

讲解员人物卡片

姓名：哈小奇

身高：165 厘米

血型：理智的 AB 型

星座：

永远保持冷静，意志坚定，喜欢挑战高难度——天蝎座

爱吃的菜：

糖醋里脊、宫保鸡丁、龙须菜

爱吃的水果：

荔枝、龙眼、葡萄

最喜欢的运动：

打篮球、健身

兴趣、爱好：

喜欢挑战自我

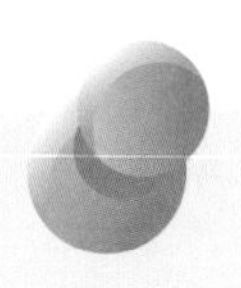

讲解员人物卡片

姓名：小精灵

身高：50 厘米

星座：

豪放率真，热情勇敢，富有强大的想象力——白羊座

最讨厌的事：

破坏自然环境

爱吃的菜：

酸溜土豆、红樱绿菠、素三鲜

最喜欢的运动：

跳跃、旋转

兴趣、爱好：

寻找新的动植物

给孩子的科普博物馆

序：穿越时空的探秘之旅

在浩瀚的地球历史长河中，无数生命以各色各样的形态繁衍生息，又悄然消逝于岁月的尘埃之中。游者新作《寻觅大自然：从未见过的古生物世界》，在我看来，是一把开启远古世界奥秘的钥匙。这本书能引领青少年们穿越亿万年的时光，去感悟那些曾经繁盛一时的神秘古生物。

游者是一名科幻与科普的双栖作家。与幻想文学不同，科普作品要求内容翔实、语言准确，还要兼具科学性和趣味性。这本书经过精心编纂，图文并茂，得以以最生动、最直观的方式，将古生物的魅力展现给诸位小读者。书中不仅展现了众多珍贵的古生物全貌，还配以精美的手绘插图，让小读者仿佛置身于远古的森林、广袤的草原或是浩瀚的海洋之中，与这些早已灭绝的生物进行一场跨越时空的交流。错落有趣的篇章设计，可让阅读者在轻松愉快的氛围中增长知识，拓宽视野。

翻阅整本书，我很有感触：地球上的生命形式是如此丰富多彩，同时又是如此脆弱。在探索古生物奥秘的同时，人们也应更加珍惜眼前的生命，保护赖以生存的地球家园。

愿这本书能成为广大读者探秘远古世界之旅的忠实伴侣，引领青少年们感受大千世界的无限魅力！

全国少儿科幻联盟发起人

著名少儿科幻作家

目 录 | Contents

一

远古地球

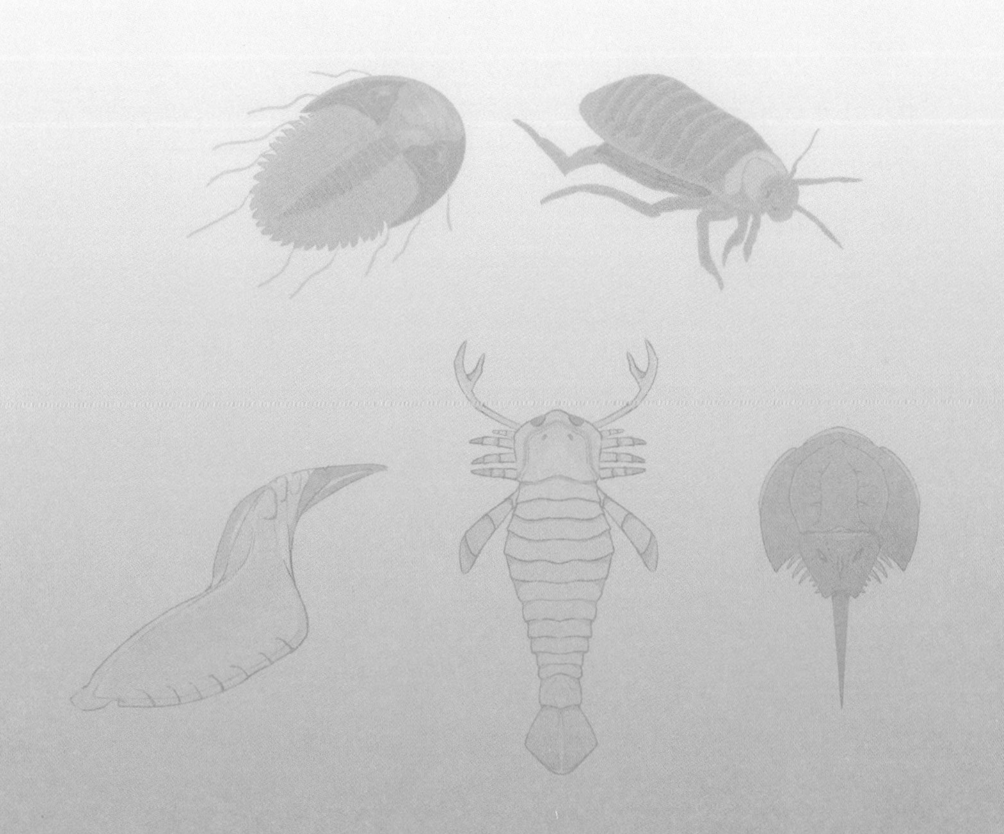

海洋里的"远古小强"——三叶虫

哈小奇：

丁小香，快来看看我新买的化石。

丁小香：

哇，是三叶虫化石，我也一直想买一块收藏呢！

哈小奇：

你也对三叶虫很感兴趣吗？那我就给你介绍介绍吧。

距今 5.4 亿年前，在地质年代还处于寒武纪的时候，就有一类动物在黑暗的海洋里横行霸道，它就是早古生代极为繁盛的动物，可以称为远古地球最老霸主的三叶虫。

三叶虫很容易辨别，它的头部盔甲愈合成了一整块，在躯体背面覆以坚实的外骨骼，呈现出卵形或椭圆形，身体节片互相交叠，称为背甲；背甲由前向后的身体中间隆起一个轴，保护着自己的消化器官与神经索；沿着这个轴外骨骼和附肢向两旁延伸而出，形成了左中右三叶，故有"三叶虫"之名，而这也是三叶虫家族最基本的身体构造。

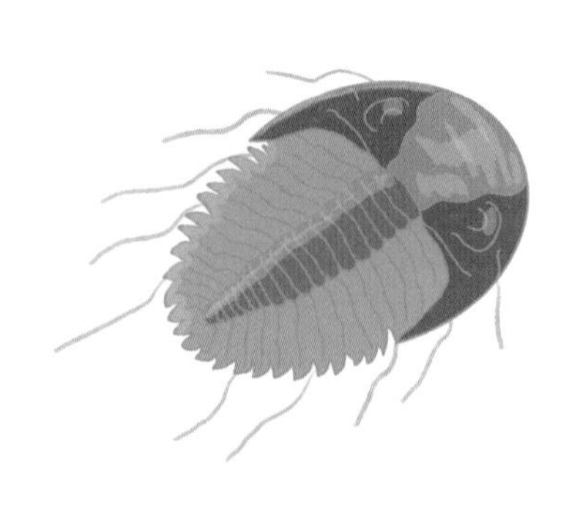

三叶虫类全为海生，一般生活在浅海地带，贴在海底缓慢爬行或游移。三叶虫的附肢由两肢组成，它用外节肢上的鳃叶呼吸，而主肢是内节肢，用于爬行，这时

尾部和后胸部可稍稍翘起，以减少前进阻力。当壳体卷曲起来，就可以保护自己柔软的腹部，像现在我们常见的西瓜虫。有些三叶虫种类壳上长出了很多刺，一般认为这可以增加浮力，但有的壳刺，特别是尾刺，不仅可助浮游、挖掘、支撑，甚至可用作保护自己的工具。

小贴士

西瓜虫，又称鼠妇，通常生活于潮湿、腐殖质丰富的地方，遇到危险会蜷曲成团。

丁小香：

怪不得三叶虫能成为远古地球的霸主，想必是凭借着这一身坚硬且多用途的铠甲吧。

哈小奇：

不，其实三叶虫能成为一方霸主，最大的竞争优势是你我能互相看到对方的眼睛。三叶虫的始祖，也就是莱得利基虫，是目前发现最早进化出眼睛的生物之一。大家还在海洋里“摸黑”的时候，莱得利基虫就已经可以辨别其他生物的所在方向，并且去主动捕食。

在寒武纪中期，三叶虫家族发展兴盛。它们在其原有的基础上发展出新的身体构件。有的发展出流线型的身体和非常强健的浆状肢，这让它们可以在海中自由快速地游动；有的则进化出更加坚硬沉重的装甲和庞大的身躯，来对抗新兴生物的捕食；有的体形变得更小，甚至不到 6 毫米，方便在复杂的海底穿行，以便滤食海藻和捡食动物尸体。

三叶虫的发现历史悠久，我国三叶虫的发现史最早或可追溯至北宋年间。刘翰等编著的《开宝本草》就有“石蚕”条目，作为玉石类药物，被描述为“状如蚕，其实石也”，这可能是世界上关于三叶虫的最早记录。明朝崇祯年间，有一个名叫张华东的人在如今的山东泰安旅游时发现了一种独特石板，石板上的印记颇似蝙蝠展翅，于是他就命名为“蝙蝠石”。时间进入 20 世纪 20 年代，地质学家章鸿钊先生在泰山做勘探工作时，才揭开了“蝙蝠石”之谜。原来这是一种名叫潘氏镰尾虫的三叶虫尾部。为了纪念三叶虫在世界上的第一个名字，我国科学家就把“蝙蝠石”上这种三叶虫的中文名字称作“蝙蝠虫”。

小贴士

世界上物种学名的制定，是为方便不同国家和地区的学者交流探讨而创立的生物正式名称，采用拉丁文或拉丁化文字，而物种的中文名称为中文正式名，是用来区别和规范民间的叫法。

哈小奇：

国外研究三叶虫的最早记录可以追溯到 1698 年。当时，一位名叫鲁德的古生物学家把一个头部长有三个圆瘤的三叶虫化石命名为“三瘤虫”。到了 1771 年，瓦尔根据这种动物的形态特征，即身体从纵横两方面来看都可以分成三部分，给出了一个恰如其分的名称——“三叶虫”。

由于三叶虫的发展非常快，而且世界上发现的三叶虫数量极多，因此它们非常适合被用作标准化石，地质学家一般使用它们来确定含有三叶虫的石头的年代。三叶虫也是最早的、获得广泛吸引力的化石，甚至到现在，每年还有新的三叶虫物种被发现。

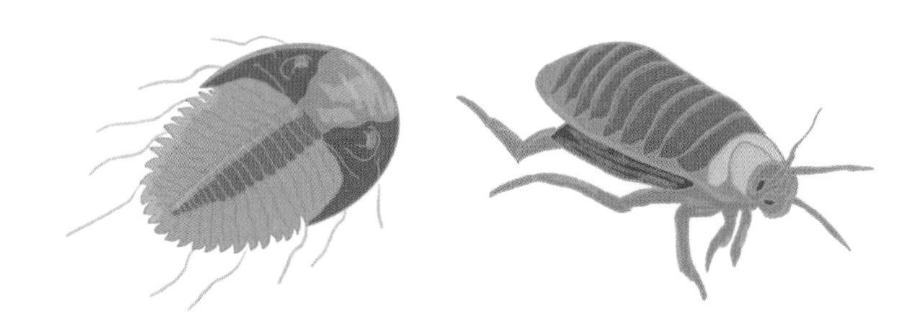

作为寒武纪生命大爆发的典型代表，三叶虫和许多远古生物一起揭开了地球走进生物多样性的序幕。从此，一个欣欣向荣的生物世界才真正出现。三叶虫繁盛于寒武纪，后续的漫漫时间长河中，面对环境变化与天敌捕食，三叶虫使出浑身解数应对，但由于身体结构受限，自身种类不断减少，在最为惨烈的二叠纪末生物大灭绝中，三叶虫随着门类众多的海洋生物和陆地生物一同走向灭绝终点。身为纵横地球历史长达 3 亿年的生物，三叶虫无愧于“远古小强” 称号。

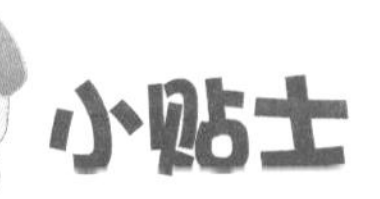

小贴士

三叶虫的生活环境非常广，从浅海到深海都遍布它们的身影。三叶虫化石几乎遍布全球各个地区，是所有古生物化石中种类最丰富的。目前我国最早的三叶虫化石发现于泰沂山系。三叶虫化石在山东临沂、莱芜等地分布广泛。

脊椎动物先驱——云南虫

哈小奇：

丁小香，你知道最早演化出脊椎的是什么物种吗？

丁小香：

是鱼类吗？

哈小奇：

我想你一定想说是昆明鱼，不过，在脊椎动物的演化历程中，不得不提到发展道路上独树一帜的“它”。

丁小香：

它是谁呀？

哈小奇：

是云南虫，许多人认为它属于脊索动物门，也是脊椎动物的先驱。

丁小香：

脊椎动物的演化历程竟然和“虫子”有关，真没想到呀，哈小奇，你快跟大家讲讲吧。

哈小奇：

云南虫身材扁扁的，形状像蠕虫，一般长 3 至 4 厘米，有些大的家伙甚至能长到 6 厘米。云南虫发现于我国云南帽天山澄江动物群。大部分的化石标本呈铅黑色薄膜状保存。

云南虫的肚子里有一整套消化器官，包括口、咽喉、中肠和后肠等部分。

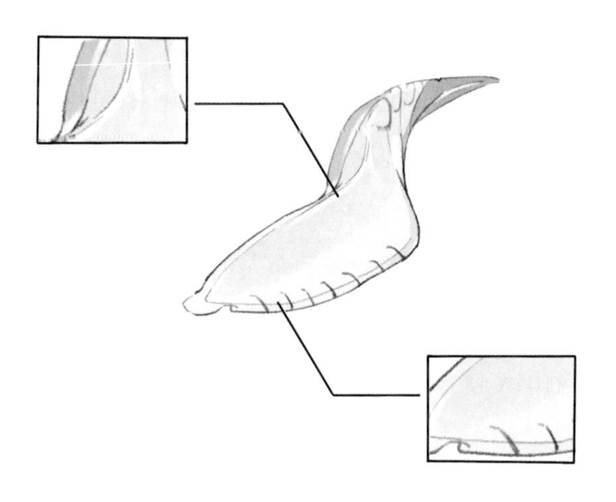

口在漏斗状前部器官的后端，咽喉则在鳃腔的后面。有趣的是，它的咽喉前面还长了两对以上的齿状结构，估计也是消化器的一部分。后肠类似螺旋形，位于脊索的腹面。云南虫的身体下方有数对生殖腺，从前到后越来越小。

别看云南虫小小的，背部可是由 22 到 24 个骨骼化的肌节组成，每个肌节都被一层平直的肌隔分开。而且它的体内还有一条软管，贯穿前后，可作为肌肉的附着点。

小贴士

云南虫的身体长有发达的肌肉，它依靠肌肉收缩使身体产生波浪弯曲来游泳。它的身体前端还有一个吸盘，可以把它牢牢吸附在其他生物身上，稳定自己的身形。

哈小奇：

云南虫的发现历程一波三折。1991 年，侯先光在云南澄江帽天山发现了云南虫化石。一开始，人们以为它只是个蠕虫，因为它的头部在化石上不易保存。后来又发现了同属的“海口虫”，大家对这一新物种产生了兴趣，但这块云南虫化石却一直无人问津。直到 1992 年，科学家们突然醒悟，云南虫有可能是更原始的半索动物！

到了1993年冬季，研究员陈均远和来自波兰科学院的访问学者一起对云南虫标本进行进一步的观察和讨论，最终得出了一个惊人的结论：那根贯穿身体的管状结构就是脊索。如果存在脊索，那么基本可以确定云南虫和脊椎动物的亲缘关系，但是由于证据不足，并没有下定论。

1995年，陈均远等人在英国《自然》杂志上发表了论文，声称云南虫和海口虫都是脊索动物中的低等动物，也就是头索动物。但是这个理论再次遭到质疑，2006年以舒德干为首的研究者认为云南虫的进化地位应该和半索动物是一样的，或者属于古虫动物门的姐妹类群。云南虫是否是脊索动物，在科学界一直众说纷纭，有学者甚至认为它们属于脊椎动物。

西方学者的总结性专著《动物门类的起源》中指出，云南虫类“不可能具有脊索构造……它们要么代表着脊索动物祖先类群中的非脊索动物，要么构成后口动物谱系中的一种基干类群”。

2023年，舒德干院士带领的西北大学古生物团队在《科学》杂志上刊发文章，通过透射电镜观察，得出的结果是“云南虫在后口动物亚界谱系树中的位置低于低等脊索动物，与脊椎动物无关”。

虽然云南虫的地位尚未取得一致意见，但是它的发现可谓意义重大。在当下作为生物进化论中无脊椎动物和脊椎动物之间的过渡形态，云南虫的地位不可小觑。根据研究发现，原始脊椎动物刚出现时并没有脊椎，而距今5亿多年的昆明鱼已经长出了脊椎，因此可以确定昆明鱼已经演化成脊椎动物。而云南虫则成为最早演化成脊椎动物的“先驱”，它们身上还没有脊椎，但可能有“脊索”

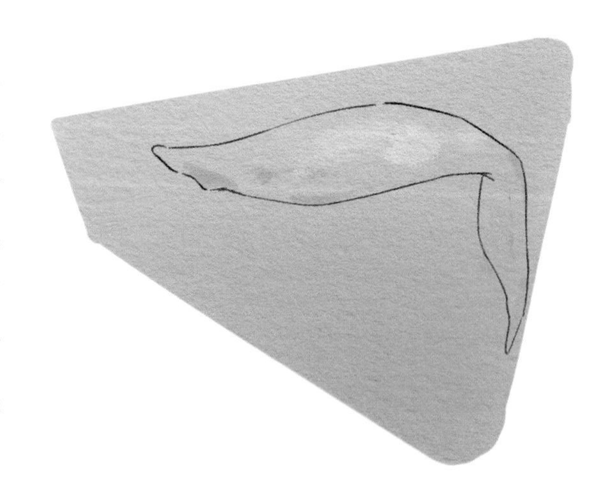

这类雏形，这让云南虫成了生物进化史中的关键角色。

云南虫的发现让古生物学家对地球上生命的演化史，尤其是脊椎动物的演化史有了更完整的认识。这个小小的发现会给我们带来巨大的启示，让我们更加了解自己的起源和演化过程。

小贴士

澄江动物群是世界上保存较为完整的寒武纪早期古生物化石群，是科学家研究地球早期生命演化的重要窗口。

丁小香：

大自然真神奇，那么，哈小奇，云南虫又是如何演化成人类的呢？

哈小奇：

根据目前主流的观点，寒武纪的生命大爆发过后，地球迈入了奥陶纪。原始脊椎动物的数量激增，物种多样性蓬勃发展。然而，由于当时陆地上的环境十分恶劣，大部分的生命仍然在海洋中演化，其中就包括云南虫。

志留纪时期，地球经历了壮观的“造山运动”。海水退去，陆地不断扩张，陆海交界处开始孕育生命，海洋中的生命变得更加复杂，硬骨鱼等陆地四足动物的祖先开始出现。

随着进入泥盆纪，海洋中的竞争日益激烈，一些硬骨鱼尝试靠近陆地寻找食物。凭借强健的肉鳍，它们逐渐爬上陆地，经过漫长的进化过程，它们逐渐演化成了两栖动物。

大约 3 亿年前，陆地上的生命开始迅速丰富起来。两栖动物继续进化，分化出不同的分支，其中一部分进化成恐龙，另一部分进化成翼龙，还有一部分进化成哺乳动物的祖先。

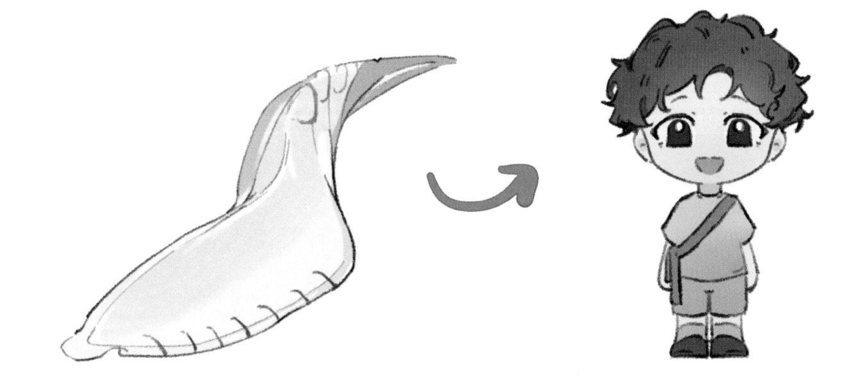

哈小奇：

随后，原始哺乳动物经历了三叠纪、侏罗纪和白垩纪的艰难时期，它们在“夹缝”中努力求存。第五次大灭绝之后，地球上的生态圈出现了大量的空缺，原始哺乳动物开始进化填补这些空缺。在不到 1000 万年的时间里，最古老的灵长类动物出现了，经过自然选择的磨砺，人类的进化正式拉开了序幕。

小贴士

进化论是指生物由简单到复杂、由低级到高级的变化和发展，其核心要义是“物竞天择，适者生存”。

恐怖的"海蝎子"——板足鲎

哈小奇：

丁小香，你能列举几种节肢动物吗？

丁小香：

当然可以呀，比如蜘蛛、蝎子，但光想想就很恐怖了……

哈小奇：

我印象最深的是板足鲎，是一类生活在海洋里的远古生物。

丁小香：

是古生物呀，那哈小奇快讲一讲吧！

哈小奇：

它们的外形略像现代蝎子，因此也被人们称为海蝎子。板足鲎出现在大约4亿多年前，与现今的蛛形纲节肢动物有着亲缘关系。

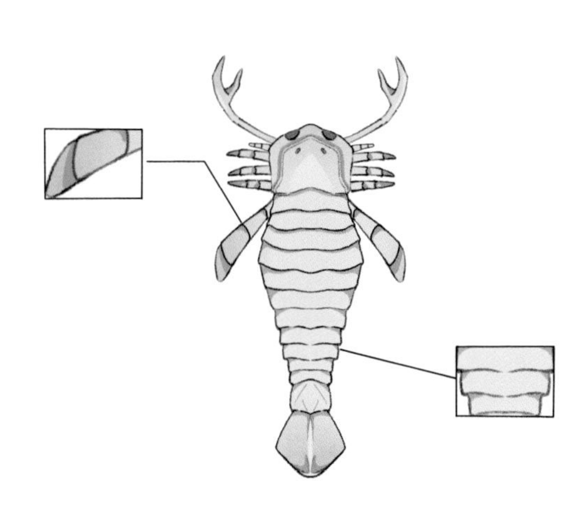

板足鲎常常隐藏在浅水区域，搜寻小鱼、三叶虫以及泥沙中的其他生物，有时甚至吞食同类。

这些生物有着小巧的头胸甲和多个节组成的腹部。前7节形成前腹部，配备附肢；后5节构成后腹部，没有附肢，但有尾剑。而板足鲎之名正是因为它们最后一对步足形成了板状，这对步足用于游泳。它们的腹部还有 6 对鳃。板足鲎的第一对前腿被称为螯肢，类似于蜘蛛的犬牙。其余的四对附属肢体是步足，呈圆柱形且多刺，沿身体向后延伸，逐渐变大。第六对肢体是一对非常宽大且平滑扁平的桨状物，位于胸部，具备伸缩功能，用于游泳。板足鲎没有触角，口器边缘有一个呈 U 形的小内口板，被较大的口后板所覆盖，是腹部的一部分。

这些生物拥有极强的机动能力和捕食能力，迅速攀升至食物链的顶端，甚至在奥陶纪的生物大灭绝中幸存下来。板足鲎的独特身体结构使其成为水中划水高手，它能够拳打各类螺类动物，脚踢早期鱼类，甚至在愤怒时将同类彻底撕成碎片。

此外，一些板足鲎还采取通过堆积体积来制服敌人的策略，在志留纪时尤为常见。早泥盆世的莱茵耶克尔鲎就是一个例子，它的体长可达 2.5 米，是史上最巨大的海洋节肢动物。尽管当时其他物种已经成为海洋霸主，但莱茵耶克尔鲎依然独占鳌头。除了莱茵耶克尔鲎，还存在其他类型的板足鲎，它们都具备独有的特征。凭借自身拥有的强大“武器”，板足鲎在长达 3000 万年的时间里一直居于食物链顶端。

早期奥陶纪的板足鲎有一部分选择了远离海洋走上陆地，这一分支走向了另一条奇特的演化道路，而嘴部特化出来的螯肢是唯一可以辨别亲缘关系的器官。从现在的鲎身上，我们仍然可以通过螯肢窥伺到过去板足鲎的峥嵘。4 亿多年前，鲎就已经在世界上生存了，直至今日，这种古老的生物还保留着原始的样貌，人们也称其为“活化石”。

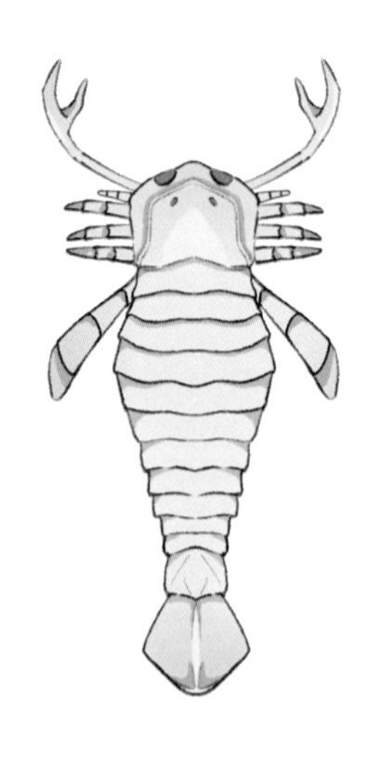

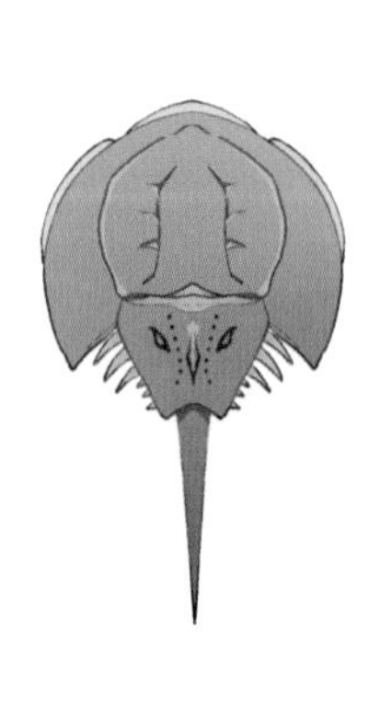

小贴士

鲎的血液中含有铜离子，血液呈现蓝色。这种蓝色血液的提取物可以制成“鲎试剂”，能准确、快速地检测人体内部组织是否因细菌感染而致病。

哈小奇：

板足鲎成为霸主的历史也是一段曲折的过程。最初，它们是一类普通的螯肢动物，像大部分寒武纪生物一样，默默无闻地生活着，要么四处逃亡，要么潜伏在海底，否则就会成为奇虾盘中的美味。直到奥陶纪，以鹦鹉螺为代表的类群崛起，板足鲎选择了一条特殊的进化路线，将附肢发展成了各种不同的工具。它们在这个时期逐渐进化而来，但整个时代并没有太大的变化，只是捕食者从奇虾变成了螺类。尽管在奥陶纪末期，巨型羽翅鲎的附肢也变成了可怕的捕食器官，看起来威猛凶恶，但在鹦鹉螺看来，它们只是海底的“清洁工”。与此同时，一些板足鲎无法忍受海底恶劣的环境，进化出适应陆地生活和呼吸的器官，选择离开海洋。一直到奥陶纪末期的生物大灭绝事件，板足鲎终于看到了胜利的曙光。这次灭绝事件导致海洋环境恶劣，温度骤降，85% 的生物灭绝，许多软体动物濒临灭绝。然而，擅长逃生的板足鲎似乎在这场灾难中占据了优势，成功幸存了下来。

对它们来说，这个时期简直是

一个自由自在的天堂。板足鲎开始发展自己的长处，进化出长尾刺和用于划水的桨状附肢。它们的体形不断增大，从最初不到 1 米长发展到超过 2 米长，加上出色的游泳能力，板足鲎的身影遍布全球。整个志留纪的海洋成了海蝎的王国，就像现在鱼类在海洋中的地位一样，但如此盛景也在二叠纪末生物大灭绝中走向了尽头。

哈小奇：

不过，幸好这些生物早就灭绝了，否则我们就不敢涉足海洋了。

小贴士

二叠纪末灭绝事件：此次灭绝事件是地质年代的五次大型灭绝事件中规模最庞大的一次，距今大约 2.5 亿年，超过 80% 的海洋生物和大部分的陆地生物灭绝。

恐龙王朝

恐龙飞鸟——始祖鸟

哈小奇：

丁小香，你知道始祖鸟吗？

丁小香：

始——祖——鸟，这名字很有神秘感呢。

哈小奇：

哈哈，它身上包含的谜团更神秘哦。

丁小香：

哇，别吊人胃口了，哈小奇，快点揭秘吧！

哈小奇：

始祖鸟生活在距今 1.55 亿年到 1.5 亿年前的侏罗纪晚期，它的拉丁学名意为“古老的翅膀”，是蜥臀目始祖鸟科恐龙。大小和现今的乌鸦差不多。头部灵活，脑颅膨大；颈部瘦长，脊椎骨构造十分简单；身体较短，双臂、前肢和长尾覆有羽毛；有三指，拇指朝向后方，掌骨分离，关节骨完全，每指端有利爪；口内有槽生的牙齿，牙齿锐利；两只翅膀上均有爪，后趾末端也有尖利而

弯曲的爪，且长有骨质尾椎。始祖鸟的飞翔能力不强，只适于短距离的飞行。并且羽毛与现代鸟类羽毛极为相似，这让它更接近鸟类。始祖鸟的食物来源包括昆虫、小型脊椎动物和其他小型生物，与现在的鸟儿食谱类似。

第一具始祖鸟的化石是在德国的石灰岩中发现的。当时的发现者以为自己找到了一只小型飞龙的化石。化石中保存了许多羽毛，在当时成为一大亮点。而且还发现了类似于鸟类的骨骼结构，这引起了人们的浓厚兴趣。

丁小香：

那始祖鸟是鸟吗？和在天上飞翔的鸟又有哪些相似之处呢？

哈小奇：

现在科学界普遍认为始祖鸟不是真正的鸟，但在长达 150 年的时间里，古生物学家们一直认为它是鸟类的祖先，甚至是鸟类和爬行动物之间的过渡物种，支持了鸟类起源说。现在有科学研究发现，始祖鸟是一种小型兽脚类恐龙，极有可能是后来恐爪龙类的祖先。但始祖鸟和现代鸟类有很多相似之处。首先，它们都有羽毛，虽然始祖鸟不如现代鸟类的羽毛完美，但都具备了飞行的基本结构。此外，始祖鸟的骨骼结构也和现代鸟类相似，它们都有叉骨，这是飞行动物的关键特征。而且，始祖鸟的前肢进化成了翅膀，这也是现代鸟类的特点之一。

丁小香：

哈小奇，始祖鸟有没有与现代鸟类不同的地方呢？

小贴士

化石上或多或少都会有黑素体的存在，黑素体是细胞中负责产生黑色素的结构，结构不同，形成的色彩也不同，通过分析化石上的微观结构，科学家能推测出古生物羽毛的色彩样貌。

哈小奇：

当然有，始祖鸟也保留了一些恐龙的特征，比如牙齿、爪子和长尾巴。这些特征表明它们与恐龙有亲缘关系。另外，始祖鸟尾巴上的骨骼结构可能在飞行中起到平衡作用，但限制了它的飞行能力。相比之下，现代鸟类虽然不如始祖鸟那样擅长滑翔，但通常有较短的尾巴，更适合飞行。这显示了生物在演化中对飞行技巧的逐渐改进。

丁小香：

始祖鸟究竟是如何从地栖生活转变为飞翔生活的呢？

哈小奇：

目前有两种不同的理论。第一种理论称为“奔跑说”，认为始祖鸟可能是从奔跑中演化而来的。根据这个理论，始祖鸟可能是双足奔跑的动物，它们在追逐猎物时，用前肢拍打空气，以加速奔跑。随着时间的推移，前肢逐渐演化成了翅膀，使它们能够从地面起飞。有研究称翼龙就是通过这种方式逐渐获得了飞行的能力。

丁小香：

由跑步演化出飞行，这可真神奇呀！

哈小奇：

还有第二种理论，被称为“树栖说”。根据这个理论，始祖鸟可能是从树栖生活方式演化而来的。有科学家认为，始祖鸟可能是树栖的，它们在树上滑翔，逐渐演化出飞行的能力。始祖鸟的前肢可能最初用于攀爬树枝，然后逐渐演化成了翅膀，使它们能够在树间飞翔。这种方式也被认为是鸟类飞行的潜在起源之一。

如今的鸟类在生物学中被归为今鸟类。它们和恐龙有着紧密的亲缘关系，尤其是那些最早出现的恐龙，它们的体形相对较小。大部分恐龙的体形从小到大逐渐演化，但其中一部分恐龙却反其道而行，并逐渐长出了羽毛，占据了当时的天空生态位。这小小的体形也让它们在白垩纪的大灭绝事件中幸存下来，最终演化成了现代的鸟类。所以，鸟类并非由巨大的恐龙演化而来，而是源自最早有羽毛的小型恐龙。自地球上出现第一只现代鸟类以来，鸟类经历了数百万年的漫长进化历程。虽然我们无法再见到恐龙的身影，但从另一种意义上讲，如今自由飞翔于天空的鸟儿，似乎延续了往昔恐龙征服天空的遗志。

小贴士

随着大量似鸟恐龙化石的发现，始祖鸟似乎不再那么独占鳌头。这一系列带有羽毛的古生物，如中华龙鸟、小盗龙、赫氏近鸟龙等，它们的陆续发现正不断地填补着鸟类进化路线的空白。

陆地上的巨无霸——马门溪龙

哈小奇：

丁小香，你知道最大的恐龙有多大吗？

丁小香：

难道会比大象还要大吗？

哈小奇：

这种恐龙可比大象大多了，我们来见识一下恐龙中的“巨无霸”马门溪龙吧！

马门溪龙是我国目前发现的最大的蜥脚类恐龙之一，生活在距今 1.5 亿年前的侏罗纪晚期。它们曾在我们的国土上生活、繁衍，而今天，我们通过它们留下的化石，能够窥见那个遥远的史前时代。

马门溪龙的名字源于第一次发现它们化石的地方——四川省宜宾市的马鸣溪渡口附近。1952年，在一个高速公路建筑工地上，人们意外地发现了它们的化石。1954年，被古生物学家杨钟健命名为马鸣溪龙。但由于杨教授的西北口音，“马鸣溪龙”被误作为“马门溪龙”。

哈小奇：

马门溪龙是一种非常特别的恐龙，它的颈部特别长，长度最长可达15米以上。这样长的颈部让它能够轻松吃到树上高高的叶子。除了超长的颈部，马门溪龙的身体也非常庞大，最长体长可超30米。虽然它的头不是很大，但它的嘴巴宽阔，非常适合大口大口地吃树叶。它的牙齿尖锐，能轻松咬断树叶和嫩枝。而且，为了支撑它巨大的身体和长颈，它的四肢和肩膀都非常强壮。它的尾巴也很长，帮助它在走路和觅食时保持平衡。所以，每当它走动或是弯下颈部吃东西时，它的长尾巴就会随着摆动，保

马门溪龙的头部很小，因而大脑也很小，如此小的脑袋怎样支配全身的运动和感觉呢？有研究发现，马门溪龙的盆骨上长有一个称为后脑的球体，可以起到传递身体感觉的作用，使它的反应更加灵敏。

持身体的平衡。它的尾巴还可以用来抽打攻击敌人，保护自己。马门溪龙是侏罗纪时期的高处觅食专家，它的这些独特特征让它在恐龙世界里成为“超级巨龙”。

得益于它庞大的体形，它能够轻松地触及高处的树枝，而其他大多数物种在成年时无法与其竞争食物。它的长颈让它可以在不消耗太多能量的情况下，在其周围的区域吃到大量的食物。

现在，让我们通过一个小故事来想象一下马门溪龙是如何捕食的。在一个阳光明媚的侏罗纪早晨，一只雄壮的马门溪龙缓缓走进了茂密的森林。它的长颈像塔一样高耸，头顶几乎触及天空。它走到一棵高大的松树旁，开始用它强壮的颈部肌肉把头拉到树梢。当它的头靠近树叶时，它张开宽阔的嘴，大口大口地吞食着绿色的树叶。在它的周围，其他小型恐龙只能望着高处的食物眼馋，它们无法像马门溪龙那样轻松触及美味的树叶。

然而，随着时间的推移，地球的环境开始发生改变。据研究推断，大约在 6500 万年前，一颗巨大的陨石撞击了地球，引发了大规模的火山爆发和气候剧变。马门溪龙和其他恐龙一样，面临了前所未有的生存挑战。

食物变得越来越稀少，环境变得越来越恶劣。最终，马门溪龙和它的同类，都在这场巨大的灾难中消失了。

现在，我们还可以去博物馆看看马门溪龙的化石。站在它巨大的骨架前，你就能感受到那个时代生物的巨大和奇妙。研究古生物，我们就对生命和地球的历史有了更全面的认识。

小贴士

因为首次发现的马门溪龙化石是在建设工地中出土，所以也被命名为“建设马门溪龙”。

哈小奇：

除了首次发现的建设马门溪龙，科学家们在中国的不同地区又发现了几种不同的马门溪龙，比如合川马门溪龙、中加马门溪龙、杨氏马门溪龙等。每一种马门溪龙都有它独特的特点。例如，合川马门溪龙是最著名的马门溪龙，它的身体长度可达 24 米，它的颈长近 10 米。而中加马门溪龙则以它的长颈肋而著称，它的颈肋长达 4.2 米，是已知恐龙中最长的颈肋。

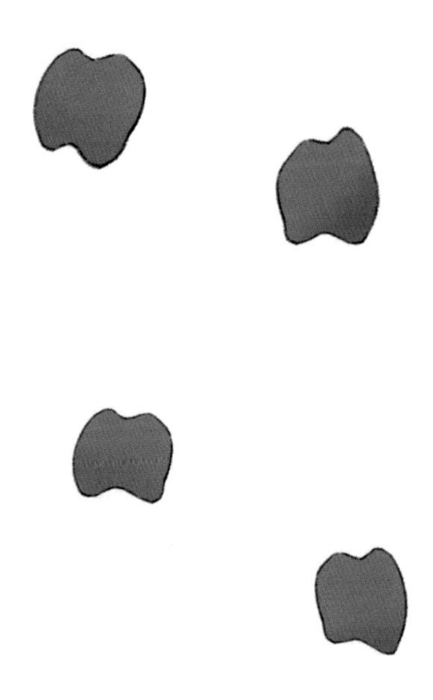

迄今为止，马门溪龙是我国种类最多、地域分布最广的蜥脚类恐龙。

马门溪龙不仅仅是一种恐龙，它也是我们国家古生物学研究的重要发现。它让世界看到了中国在古生物学领域的深厚底蕴和独特贡献。马门溪龙的发现地如今已经成为著名的古生物化石产地，吸引着来自世界各地的

小贴士

作为植食性恐龙，长脖子的马门溪龙牙齿结构简单，无法咀嚼食物，所以需要吞食许多石块来帮助磨碎吞下的植物。

科学家和游客。在过去的几十年里，中国的古生物学家们在这里发现了许多珍贵的化石，其中包括许多不同类型的恐龙和其他史前生物。每当我们谈及这些大型恐龙时，我们不仅仅是在回忆过去，更是在探索生命的奥秘。

将来，也许还会有更多不同种类的马门溪龙被发现。每一个新发现，都会为我们揭开古生物世界的新篇章，让我们更加敬畏和尊重大自然的神奇和多样。在我们努力了解和保护自然的过程中，马门溪龙的故事会给我们带来无尽的想象和启示。

天空之神——神龙翼龙

丁小香：

哈小奇，我来考考你，古往今来，天上有那么多会飞的动物，你知道最大的是哪一种吗？

哈小奇：

这你可难不倒我，这一章，我就给大家介绍一下我们生活的地球上曾经存在的最大的飞行动物！

丁小香：

那就由你来给大家说说吧。

哈小奇：

距今约 8900 万年前，我们生活的地球正处于白垩纪。在那个时期，地球上存在许多奇特的古生物，例如我们今天的主角，一种在白垩纪翱翔

翼龙虽然与恐龙生活在同一时期，但它的身体结构与恐龙有很大的差异，研究认为它是一种会飞的爬行动物，虽然是恐龙的近亲，但并不属于恐龙。

于天际的巨大生物——神龙翼龙。

根据现代科学家推测的形象，神龙翼龙的头类似犀鸟，有着又厚又长的喙嘴；它的身体和翅膀则类似蝙蝠，有翼指和翼膜，但连接方式与蝙蝠有很大的不同；而下肢则是爬行动物的形态。

神龙翼龙有着圆柱形的细长脖颈，但与我们今天看到的鸟类长颈不同。神龙翼龙的长颈只能抬起放下，不能灵活地转动，和它头部的尖喙嘴放在一起就好像一支长枪或长矛。神龙翼龙的属名源于乌兹别克神话中的龙，种名在拉丁语中意为“长矛”+“颈部”。

小贴士

神龙翼龙有很多不同的亚种，其中最为著名的风神翼龙是目前人类发现的最为庞大的可以飞行的动物。

哈小奇：

神龙翼龙的体形十分庞大，根据科学家的推断，最大的神龙翼龙的翼展可以达到 10 到 12 米左右，而体重则可能达到 180 到 250 公斤。神龙翼龙的身高体形已经接近长颈鹿，但体重却远远低于长颈鹿等类似的大型动物。

丁小香：

体形如此庞大的神龙翼龙却可以自由地在天空中翱翔，这其中的秘密藏在哪里呢？

哈小奇：

秘密就藏在他们的骨骼结构里，神龙翼龙具有中空的骨骼和极薄的骨梁。同时，为了避免中空骨骼脆弱易折，神龙翼龙的骨骼中形成了蜂窝状结构。蜂窝中的空洞可以有效地减轻体重，而蜂窝状的内部结构也可以有效增强骨骼的强度和韧性。

正是这样轻盈的体态让神龙翼龙可以作为飞行的动物，不至于因为“体重超标”飞不上天。但光有轻盈的体态是不够的，想要畅快地飞行，它还需要强大的动力。神龙翼龙的前肢上有着健壮发达的肌肉群，这些肌肉的重量占到了神龙翼龙体重的四分之一。前肢和身体之间则是一层翼膜，这张翼膜并不是简单的皮肤，而是致密的肌肉纤维和血管外包覆角质层构成的坚韧结构。

神龙翼龙的前肢和翼膜共同构成了一对强而有力的翅膀，通过这双翅膀的有力支持，神龙翼龙可以自由地行走或飞翔。当它想要飞行时，便会用前肢和后肢一起用力撑地，一跃而起飞向天空。

神龙翼龙的体重很大，因此它的翅膀也非常庞大，这使它可以利用上升的热气流飞行，这种飞行方式被称作“翱翔”。

哈小奇：

早年，学者们推测大部分神龙翼龙是以鱼类为主食。它的牙齿已经退化，长长的喙嘴类似今天生活在水边的鸟类。因此当时的学者认为它的捕食方式可能类似现代的剪嘴鸥，飞过水面时将喙嘴插入水中捕鱼。

后来，科学家们发现了生活在内陆的巨大翼龙——风神翼龙，作为神龙翼龙的一类，风神翼龙生活在美洲的内陆地区。这种体形庞大的翼龙有着锋利的喙嘴和有力的脖颈，一些科学家认为它可以挥舞喙嘴刺穿陆地生物的身体捕食陆地生物。

虽然科学家们对于这些翼龙到底吃什么，怎么吃尚没有完全确定的结论。但我们可以确定这些天空中的庞然大物在食物链中具有强大的统治力和高高在上的地位，是当之无愧的“天空之神”。

我们常认为霸王龙是陆地上的霸主，但有些时候，体形庞大的神龙翼龙也会捕食未成年的霸王龙。

哈小奇：

神龙翼龙已经和大多数白垩纪的生物一样灭绝了。我们最早发现的存在证据是 1974 年到 1981 年在乌兹别克斯坦的克孜勒库姆沙漠挖掘出的神龙翼龙化石；后来，人们在北美洲、欧洲、非洲和亚洲广泛地发现了神龙翼龙的化石，可以看得出神龙翼龙曾经称霸世界各地的天空。

在我国的浙江省也发现了神龙翼龙的化石，这个神龙翼龙科下的属被命名为浙江翼龙属。

恐龙王朝的统治者——霸王龙

丁小香：

说到最受欢迎的恐龙，哈小奇，你会想起哪一种呢？

哈小奇：

那自然是恐龙界的大明星——霸王龙。

丁小香：

下周我们不是要去恐龙博物馆吗，哈小奇，请帮我提前预习下吧！

哈小奇：

霸王龙是恐龙界的霸主，属暴龙科，生活在距今约 6800 万年前的白垩纪末期，是一种庞大而令人畏惧的食肉恐龙。它的全名叫作“雷克斯暴龙”。它的属名“暴龙”在拉丁文中意为“暴君蜥蜴”。1902 年，霸王龙的化石在美国的蒙大拿州被发现。成年霸王龙体长约 12—15 米，高约 4 米，平均体重重达 9 吨，是已知最大的陆地肉食动物之一。它有两只紧紧向前注视的眼睛，动态视觉极佳。霸王龙的颈部短粗，可以有效防止其他恐龙的撕咬，身躯结实，后肢粗壮，前肢较小，尾巴长而有力，可以有效地平衡运动中的身体，头部宽阔，可长达 1.3 米。霸王龙拥有硕大的上下颚，其中两颊肌肉发达，根据研究，它的极限咬合力可以达到 3 吨以上。牙齿锋利且坚固，嘴里长着 60 多个锯齿状边缘的利牙，有些达 18 厘米长，可以轻易撕裂猎物的肉体。这种强大的咬合力使霸王龙能够摧毁几乎任何猎物的防御，它通常以其他恐龙为食。根据胃部遗留化石推断，霸王龙的食

谱中可能有三角龙类、鸭嘴龙类和甲龙类等食草恐龙。人们也曾经发现过被三角龙尖角贯穿的霸王龙大腿骨化石，这也证明了霸王龙会去主动捕猎三角龙，当然，霸王龙也有可能捕食一些小型恐龙或其他小型动物。

霸王龙身上也有许多独特之处，比如它的前肢，对于其巨大的体形和强壮的后肢来说，确实显得非常短小。它的前肢大致相当于一个成年人手臂的长度，都无法碰到自己的嘴巴，更不用说用来捕猎了。霸王龙主要依赖强大的后肢来移动和捕猎。

丁小香：

那霸王龙的前肢有没有其他功能呢？

哈小奇：

根据一些研究，科学家们推测霸王龙的前肢可能有一些其他作用。一种假设是，霸王龙用前肢进行肢体动作，以相互交流，在展示领域中或社交场合中发挥作用。此外，还有人认为霸王龙的前肢可能有助于它在睡醒后的起身，因为霸王龙体形庞大，站立可能需要一些额外的帮助。

霸王龙的另一个独特之处是它的奔跑速度。大家一定对《侏罗纪公园》中霸王龙追吉普车的一段画面印象深刻，车里的人仿佛下一秒就要被追上吃掉，让人不禁捏一把汗。尽管霸王龙在《侏罗纪公园》等电影中常常被描绘为迅猛的追逐者，但是实际上，成年霸王龙的奔跑速度并不快。

科学家通过计算和模拟估计，霸王龙平时的行走速度约为每小时5公里，类似于人类正常行走的速度。只有在加速追逐猎物时，它的奔跑速度才有可能达到每小时20—30公里，但仍然远不及电影中的刺激场面。

小贴士

电影中常出现霸王龙的咆哮声，那其实是由幼年象、老虎、鳄鱼和机器运转声合成的。科学家们通过对化石和现代鸟类的研究，推测霸王龙可能发出一种低沉而沙哑的叫声，用来传递信息、吸引伴侣或标志领地。

丁小香：

那霸王龙能追上我们吗？

哈小奇：

如果是比拼短跑的话，起跑后不久我们似乎还能拉开霸王龙一段距离，但要比赛长跑的话，霸王龙的耐力可能超乎我们的想象。人类可以说是动物界的长跑王者，我们的祖先也是凭借着出色的耐力来追逐猎物，但霸王龙可能更为擅长长跑。有研究表明，大型动物的大腿长度可以减少运动时的能耗，让它能够长距离追击猎物。而霸王龙的大腿长度长达 3 米，在恐龙中并不常见，这使得它在远距离追逐猎物时具有明显的优势。所以，简单来说，如果我们置身于霸王龙面前，没有人能在平地上逃脱它的追逐。

丁小香：

还有一件事情我一直很好奇，霸王龙是怎么在很远的地方发现猎物的呢？

哈小奇：

除了拥有出色的视觉，霸王龙的嗅觉能力也远超想象。霸王龙头部上方有两个大球状物体，这是它的嗅觉器官，被称为“嗅球”。这对大大的嗅球使得霸王龙拥有非常敏锐的嗅觉，能够闻到很远处的尸体气味。嗅觉在狩猎和寻找食物时非常重要，它帮助霸王龙追踪猎物或寻找食物来源，并使它成为地球上众多动物的天敌。

丁小香：

哈小奇，既然霸王龙如此强大，它又是如何灭绝的呢？

哈小奇：

关于霸王龙的具体灭绝过程仍然有一些不确定性。一种理论是，它可能因食物短缺而受到了影响，因为白垩纪末大灭绝事件可能导致了植被凋零和食物链的崩溃。另一种理论是，气候变化可能对霸王龙的生存产生了影响，因为霸王龙可能无法适应新的气候条件。命运的齿轮继续转动，霸王龙消失在历史长河中，而幸存下来的生物在新的生态环境下逐渐演化和进化，最

终演变成了今天我们所看到的生物多样性。霸王龙是最知名和得到广泛研究的恐龙之一。它的化石被发现在世界各地，为科学家提供了丰富的信息，帮助我们更好地了解白垩纪时期的恐龙生态系统和演化历史。虽然我们无法亲眼见证霸王龙屹立于大地上的身姿，但透过那斑痕累累的化石骨架，我们仍能窥见这个曾经统治恐龙世界的壮丽生物。

白垩纪—第三纪大灭绝事件，通常被认为是在一颗巨大陨石撞击地球之后发生的。这次撞击产生了大量的高密度尘埃，阻碍了阳光到达地球表面，导致了全球气温急剧下降。

海洋中的爬行巨兽——沧龙

丁小香：

哈小奇，恐龙真的好强大啊。

哈小奇：

没错，但是丁小香，你知道吗？海洋里还有生物可以和恐龙分庭抗礼。

丁小香：

竟然能有和恐龙抗衡的存在？哈小奇，你得给我讲一讲！

哈小奇：

伴随着中生代恐龙王朝走向成熟，海洋中也有一支势力，敢向恐龙的统治发起挑战，那就是今天的主角——沧龙。

沧龙是一种中生代海洋里的海生爬行动物，生活在距今约 7000 万年到 6600 万年前的白垩纪，属于有鳞目蜥蜴亚目，巨蜥超科沧龙科。它们的身体细长，头部中等大小，颈部短粗，尾巴强壮，行动时会像蛇一样扭曲身体。四肢演化成了鳍状，起到掌舵的作用，而前后足都是多趾节结构，外形类似具有鳍状肢的鳄鱼。成年沧龙体长一般在 15 米左右，体重可达 16 吨。沧龙绝

大部分时间生活在海洋的表层，食谱复杂，以蛇齿龙、金厨鲨、海龟等为食，甚至人们还发现了沧龙吃菊石的证据，真可谓铁齿钢牙。

沧龙的本事可多了。沧龙拥有卓越的听觉，据科学家验证，它的耳朵构造特殊，可以将声音放大 38 倍，能够察觉微小声音的变化。此外，它的头部还具备敏感神经，能感知很细微的水流压力波，以此判断位于远处的猎物位置，轻松游过去进行捕食。沧龙强大的牙齿更是不得不提，沧龙有 1.6 米长的血盆大口，牙齿呈圆锥形，向内弯曲呈钩状，可以强行把猎物的肉撕扯下来，进食时非常血腥，能轻松撕咬大部分海洋生物。除此之外，沧龙还有飞快的速度，别看沧龙体形巨大，但是身体非常灵活。根据现有的化石推测，沧龙的尾巴占了身体长度的一半，它的摆动可以给沧龙提供巨大的推力。再配合上已经演化成鳍状的四肢，沧龙的最高行进速度可达每小时 48 公里！沧龙的体力不允许这个速度维持太久，所以它一般会采取潜伏和突袭的方式进行捕猎，这使它成为海洋中身形鬼魅的刺客大师。

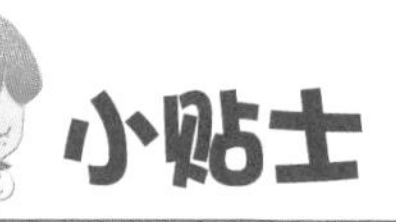

小贴士

当上下颌牙齿发生接触时，咀嚼肌收缩产生的咀嚼压力叫作咬合力。咬合力往往会和生物的强悍挂钩。地球历史上，咬合力最强大的是巨齿鲨，其咬合力达到了惊人的 20 吨！而沧龙虽稍显逊色，但也拥有至少 10 吨的强大咬合力。

哈小奇：

沧龙，这个古怪生物的头骨化石，于 1766 年在荷兰南部的马斯特里赫特的一个石灰岩矿坑里被发现。当时，人们采用这里的石灰岩来建造城

市里的建筑物，而后一位荷兰的陆军外科医生对石灰岩上奇怪的骨骼产生了兴趣，开始投资收集这些古代遗物，直到一块保存完好的头骨被发现。出于对未知生物的恐惧，人们甚至开始猜测这些骨头是不是来自大洪水时代之前的生物。直到1822年，威廉·丹尼尔·科尼比尔为这个神秘的生物命名，取名为“沧龙”。

丁小香：

哈小奇，我记得你之前说沧龙是由蜥蜴演化来的，那么沧龙经历了什么呢？

哈小奇：

沧龙的演化历程很像鲸鱼，都是从陆地返回海洋。科学家们对沧龙的演化过程进行了一些推测。最初沧龙出现于大约7000万年前。沧龙的祖先是一种体形较小的陆地蜥蜴，类似于崖蜥，后来因为受到陆地上更大更凶猛的恐龙的威胁，毅然选择了遁入海洋，后来脚趾逐渐演化成了蹼，身体也更加呈现出流线型，逐渐适应了海洋生活。温暖的海水和丰富的食物资源为沧龙提供了极佳的生存条件。沧龙类中最强大的种类是霍夫曼沧龙，其头部长达1.63米。根据头骨长度来推算，它们的全身长度大约在15米到21米之间。回想起沧龙祖先体长还不足1米，我们不禁感叹自然界进化的神奇。

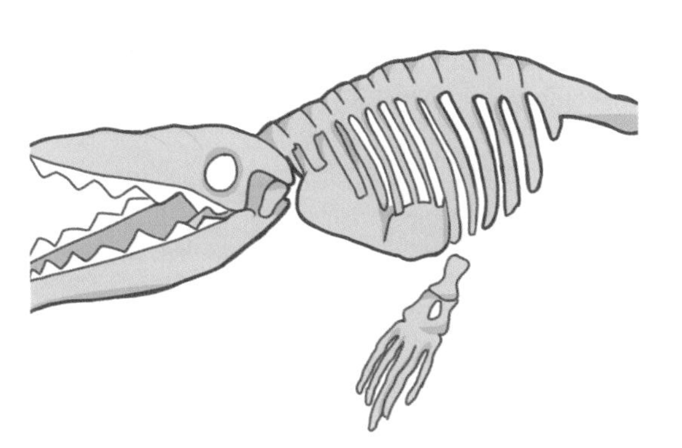

沧龙这一物种的进化毫无疑问是成功的，在进入海洋之后，因为上龙类和鱼龙类的灭绝导致了生态位空缺，

沧龙就乘机崭露头角，成为一方霸主。凭借着体形的变化和超强的战斗力，它们迅速成为海洋的统治者。但可惜的是，沧龙生不逢时，它们在白垩纪中晚期才出现，随后在白垩纪末大灭绝中与恐龙一起消失。如果不是白垩纪大灭绝，想必沧龙肯定能在海洋中书写更长时间的传奇。

小贴士

白垩纪是中生代的第三个纪，也是最后一个纪，始于1.45亿年前，延续约8000万年。因这一时期地层主要为大量白垩沉积而得名。白垩纪初期，冈瓦纳大陆还未分离，至白垩纪晚期，古大陆已经分裂成如今的各个大陆，只是地理位置和现在不同。

远古的遗珠——银杏

哈小奇：

地球上曾经有那么多恐龙，可惜我们都看不到了。

丁小香：

没关系，哈小奇，我们还有一些恐龙时代留传下来的生物“活化石”呢。

哈小奇：

真的吗，快带大家看看吧！

丁小香：

今天我们来一起探讨一个非常特别而又神奇的主题——银杏。银杏是一种古老而神秘的树种，它的历史可以追溯到2亿多年前，是地球上现存最古老的树种之一。它不仅见证了地球的演变，也见证了人类文明的发展。我们可以在公园、街头巷尾见到它，它的叶子独特，形状像一个小扇子。

小贴士

因为所有同纲植物都灭绝了，只有银杏存活到今天，所以银杏自成一纲一目一科一属一种，也就是银杏纲—银杏目—银杏科—银杏属—银杏种。

每到秋天，银杏叶会变成金黄色，把大街小巷装点得分外美丽。但你知道吗？银杏不仅仅是一棵美丽的树，它还有很多我们未曾知晓的秘密和故事。

丁小香：

接下来的几个部分，我们将逐一深入探讨银杏的各个方面。让我们从银杏的历史开始，一起追溯这棵神奇树种的源头，探讨它的演变历程，以及它在不同文化中的重要意义。然后，我们将探讨银杏在生态系统中的位置，以及它如何为我们的生态环境做出贡献。最后，在了解了银杏的药用价值后，我们将研究它在现代社会中的重要性，包括它的科研价值、经济价值和在城市绿化中的应用。

通过探讨，我希望我们能够更加深入地了解银杏，感受到它的神奇和美丽，同时也能认识到它对我们生活的重要意义。现在，就让我们正式开始我们的银杏之旅吧！

现有的化石证据显示，银杏等早期裸子植物至少在 2.7 亿年前就已经在地球上出现。它们曾为恐龙等大型动物提供了丰富的食物来源。在侏罗纪和白垩纪时期，由于地球上气候和环境都趋于干旱，适合银杏类大量繁殖、发展和分化，银杏家族发展繁茂。化石显示当时有大量银杏近缘种，除了赤道和南极外，世界各地几乎都有银杏目植物的存在。

经过第三纪和第四纪冰期，银杏近缘种陆续灭绝。只有局部分布在我国未被冰川覆盖的“诺亚方舟”地区（云南、四川、湖北等地）的种群得以幸存，并繁衍至今。我们今天看到的银杏树是中生代银杏类植物中遗留下来的唯一生存种。

银杏这种神奇而古老的树种，在自然界中的重要地位早已深入人心。但它的影响远不止于此，它还在我国文学、习俗和传统节日中占有举足轻重的地位。从古至今，银杏因优雅和坚韧的特点成为诗人笔下赞美的对象。特别是在唐代，诗人们经常通过诗歌表达对银杏美丽外貌和坚韧品格的赞美。在日常生活中，银杏的叶子和果实不仅为我们提供了宜人的视觉享受，更是被赋予了许多美好的寓意。例如，它的叶子被视为可以驱邪的象征，而它的果实则常被用于祭祀等传统活动中，帮助人们表达对丰收和平安的祈求。在一些传统节日中，银杏的叶子和果实还会被用作装饰物，为节日增色。

小贴士

很多植物一旦开花结果，就开始进入衰老阶段，最后导致个体死亡。但研究人员发现，600 多岁的银杏古树，尽管干细胞分裂变慢了，但并没有老化迹象。这种干细胞不断的持续分裂能力，是银杏“永葆青春”的重要原因之一。

丁小香：

银杏不仅是历史的见证者，它还是我们生态系统中的重要成员。银杏树能有效地减轻土地中的盐碱化，降低土壤酸度，从而增加土壤的肥力。银杏树还具有很强的抗污染能力，能够吸收和净化空气中的有害物质，是一种很好的绿化树种。此外，银杏叶有大量的酚类物质，可支持当地野生动植物的生长生态系统，对地面菌群及虫类的生长有很好的启示与影响。

说到银杏的药用价值，更可谓不胜枚举。它的叶中含有丰富的银杏酮类和黄酮类化合物，具有扩张血管、抗氧化、抗炎、抗过敏和提高脑功能等多种药理作用。多年的临床研究显示，银杏叶提取物能够改善老年人的记忆和认知功能，对阿尔茨海默病和轻度认知障碍的治疗也有一定的帮助。而银杏的种子，又被称为白果，富含蛋白质、脂肪和糖类等营养成分，有益肺、肾，可用于治疗咳嗽、哮喘、尿频等疾病。

银杏的每一个部分都似乎藏着神奇的力量，它的根、干、叶和种子都是大自然赐予我们的宝贵药材。在中医学中，银杏被誉为“百病的良药”，其药用价值得到了世代相传的认可和推崇。

在山东日照莒县，有一棵树龄高达4000年的古银杏树，胸径达4米以上，被誉为“银杏树王”。

丁小香：

在现代社会中，银杏也在多方面展现出不可忽视的经济价值和社会意义。首先，银杏被誉为“活化石”，它的存在对于我们理解地球生命的演

变历史具有非常重要的意义。通过研究银杏，科学家们能够探究古生物的演变和古气候的变化，为人类揭示生命的奥秘。

银杏也是重要的经济作物。它的种子不仅有药用价值，还可以食用。在一些地区，银杏种子是重要的农产品，为当地农民带来了可观的收入。同时，银杏也是园林绿化的好材料，它的美丽外形和强大的生命力使得它成为公园和街道绿化的首选树种。

小贴士

银杏体内抵抗逆境、病虫害和病菌的R基因数量远远多于其他物种。大量的R基因让银杏体内积累了具有特殊保护功能的代谢物，从而大大增强了树体的抗性。因此，银杏能抵抗各种极端环境，顽强地生存下来。

丁小香：

无论是对科学研究的贡献，还是药用和经济价值，抑或是在环保和城市绿化方面的重要作用，银杏都为我们展示了它不可替代的重要性。它是我们珍视的重要资源之一，需要我们的共同保护。

海洋里的角斗

泥盆纪之王——邓氏鱼

哈小奇：

丁小香，你见过穿着铠甲，脑袋好像盾牌的鱼吗？

丁小香：

怎么会有这种鱼呢？

哈小奇：

哈哈，在几亿年前的泥盆纪，就生活着这样一种凶猛的大鱼——邓氏鱼，我们一起来看看吧！

邓氏鱼存在的历史甚至比恐龙还要久远。而它还有一个响当当的外号——“泥盆纪之王”！

哈小奇：

邓氏鱼生活在距今约3.6亿年前的泥盆纪时期。泥盆纪被称为“鱼的时代”。鱼类的大繁荣是泥盆纪的标志性事件。在这个时代有颌鱼类出现，包括邓氏鱼在内的盾皮鱼类更加多样，代表现代鱼类的硬骨鱼类也已经出现。正是由于海洋中出现了大量的鱼类，掠食者也不断变大，最终诞生了像邓氏鱼这样的“大杀器”。

小贴士

邓氏鱼的名字来源于美国克利夫兰自然历史博物馆馆长大卫·邓克尔。为了纪念他在古鱼类研究方面的贡献和成就，邓氏鱼便以他的名字命名。

哈小奇：

19世纪中叶以后，随着古生物学的发展，在美国的田纳西州和怀俄明州，人们发现了许多奇怪的化石。1868年，古生物学家约翰·纽波利根据一块不完整的头骨和下颌骨化石建立了恐鱼属，模式种为赫氏恐鱼。

而邓氏鱼正是恐鱼科的代表性成员和已知盾皮鱼家族中体形最大的成员，是泥盆纪的顶级掠食者，远远凌驾于其他动物之上。邓氏鱼属于甲胄鱼类，它的脑袋和脖子上都覆盖着厚实的骨质盔甲，也正因为如此，它们的化石往往都保存了脑袋和颈部。根据化石的外形，邓氏鱼脑袋向后的颈部和背部变高，其身体应该非常粗壮，后面长有有力的大尾巴。

粗壮的体形、骇人的大嘴、坚固的盔甲让邓氏鱼在水中攻防兼备，所向披靡。

邓氏鱼身长可超 6 米，体重可超 1 吨。它的脑袋圆溜溜的，一对圆圆的眼睛长在脑袋两侧。若邓氏鱼张开那张令人不寒而栗的大嘴，我们就可以见到它那口中巨大锋利的刃状骨齿。

虽然长在口中，但是邓氏鱼并没有真正意义上的牙齿，其上下颌的“牙齿”其实是头骨盔甲的一部分。正因为缺少真正的牙齿，邓氏鱼以两长条凹凸不平的刃片代替原本牙齿的作用，这对刃片可以咬断和粉碎口中的东西。邓氏鱼的口腔机能非常独特，它依靠四个关节活动时产生的力量进行撕咬。这种独特的机能不仅可以产生极大的咬合力，还可以使得邓氏鱼以极快的速度来撕碎口中猎物。

邓氏鱼的主要猎物是当时带有硬壳保护的头足类动物（如菊石、鹦鹉螺等），以及带有硬甲保护的盾甲鱼。许多资料中称邓氏鱼的咬合力可以达到 5 吨，这已经与 13 米的暴龙一个级别了！

小贴士

邓氏鱼对食物毫不讲究，它吃各种海洋生物，甚至攻击它的同类。古生物学家曾经在邓氏鱼的头骨上发现了同类牙齿的咬痕，有些邓氏鱼的坚硬骨骼甚至被同类咬碎。邓氏鱼看起来常常消化不良，因为它的化石常和被回吐的、半消化的鱼在一起。

哈小奇：

有科学家分析称，现存物种中咬合力排名靠前的美洲鳄，咬合力可以达到 963 千克，但这与邓氏鱼 5 吨的咬合力实在无法相提并论。

得益于这种能一口将鲨鱼咬成两半的强大咬合力，邓氏鱼几乎可以捕食泥盆纪海洋里的任何一种生物，它很可能是脊椎动物出现之后的第一个“百兽之王”。虽然邓氏鱼最终在泥盆纪末期的大灭绝中消失，但是作为泥盆纪海洋中的超级掠食者，人们看到它的化石仍然会感到敬畏。

小贴士

尽管邓氏鱼体形庞大、骨头沉重，它咬合动物却很迅速，它的嘴从张开到闭合的时间只有50到60毫秒，能够迅速咬碎猎物。邓氏鱼的嘴咬合一次，只需要我们眨一次眼的一半的时间。

古老水域的神秘角色——提塔利克鱼

哈小奇：

丁小香，你知道“会走路的鱼”吗？

丁小香：

鱼还会走路？这也太神奇了！哈小奇，快给我们讲讲吧！

哈小奇：

好的，我说的这种鱼叫提塔利克鱼，这是一种在古老水域中生存的神秘鱼类，它的存在可追溯到距今约 3.75 亿年前的泥盆纪。它拥有许多两栖类的特征，被称为“会走路的鱼”。

丁小香：

哇，这听起来就像是古代传说中的生物。

哈小奇：

提塔利克鱼貌似鱼类和蝾螈的结合体，是鱼类向两栖类进化的过渡

小贴士

化石显示提塔利克鱼没有骨盘的限制，说明它可以灵活地转动头部，这就能更好地在陆地上或水中抓捕猎物。

物种。它身长可达3米，拥有水生特性以及其他适合陆地生活的特征。提塔利克鱼的化石为科学家们提供了研究古代水域生态系统和生物进化历程的宝贵机会。这种古老的鱼类以其独特的外貌和在古代水域中的生态角色备受关注。

提塔利克鱼的独特之处主要在于其头部结构。它的头部扁平，眼睛长在头部顶端。它具有类似四足动物的脑颅。提塔利克鱼头顶上方还有呼吸用的气孔结构，显示其拥有功能完备的肺脏。这些独特的进化特征使得提塔利克鱼在古代水域中显得与众不同，成为那个时代水域的独特景观。

哈小奇：

科学家们通过对提塔利克鱼的化石进行研究发现，其身上覆盖着一排坚硬的鳞片，形成一种类似于甲壳的结构。这些硬化的鳞片为提塔利克鱼提供了额外的保护，这对于应对那个时代水域中的掠食压力和激烈的竞争环境可能起到了关键的作用。

提塔利克鱼的生态角色也引起了广泛关注。它的胸鳍比当时已知的任何鱼类都更加先进，它既有发达的长骨支撑“手臂”，还演化出了灵活的腕关节。而且，它的颈部也长有关节，可能是为了转动脑袋以时刻观察水面上的动静。科学家们推测它是一种肉食性鱼类，以捕食小型无脊椎动物和其他小鱼为主。

提塔利克鱼的骨盆结构融合了鱼类与四足动物的特征，揭示了水生到陆生生物的演变过程并非如我们所预期的那般直接。部分四足动物与鱼类向陆地进化的过程密切相关。此外，这一现象还说明，这些演化是按照一系列逐步进行的步骤实现的，而我们目前对这些步骤的本质尚不完全了解。

小贴士

提塔利克鱼与鳄鱼的颅骨存在明显相似之处。在2019年的一项研究中发现，鳄鱼凭借其颅骨独特的滑动关节，在进食时可以同时使用侧向咬合和吸力。由此推测，提塔利克鱼也有可能以同样的方式进食，在进食过程中既能咬又能吸。

哈小奇：

提塔利克鱼的演化历程仍是一个科学难题。通过对其化石的研究，科学家们认为提塔利克鱼的头部结构和鳞片的演化或许与其在古代水域中的适应性演化过程密切相关。

提塔利克鱼既具有鱼鳃、鱼鳞等鱼类特征，又具有类似爬行动物的头部、可活动的颈部、坚固的胸腔和肺。对此，部分古生物学家认为提塔利克鱼介于鱼类及早期四足类之间，很有可能是人类演化路线上的一支。然而，这一进化历程的具体揭秘仍需要进一步的研究。

提塔利克鱼的演化过程就像是一部古老的传奇，让我们不禁思考，在那个古老的时代，生命是如何适应并演变的。或许正是这样的古老生物，为我们揭示了地球漫长历史中生命的奥秘，以及环境对生物演化的深远影响。

小贴士

提塔利克鱼是古老水域中的一颗独特的明珠。通过深入研究这一古老生物，我们更能了解古代地球生态系统的复杂性和多样性，也更好地理解生物在演化过程中如何适应和应对环境的变化。

旋齿猎手——旋齿鲨

哈小奇：

丁小香，你知道吗？在很久以前，有的鲨鱼出门寻找食物是会带“装备”的哦！

丁小香：

那这种鲨鱼肯定是当时海洋里的霸主吧？

哈小奇：

是的，现在的鲨鱼可完全比不上它呀！

丁小香：

那你今天能不能给大家讲讲这种鲨鱼呀？

哈小奇：

当然好啦！

在很久很久以前，地球上有很多奇怪的古生物，其中有个特别神秘的家伙叫旋齿鲨。咱们现在只知道它长着一排超级特别的牙齿，就像螺旋一样卷起来，古生物学家称之为“螺旋齿”。但是，到现在也没发现它完整的骨架，这让它更神秘了，好多人都想研究它。

旋齿鲨的学名是 Helicoprion，Helico 在希腊语中意为“螺旋”，Prion 是“锯”的意思，加在一起就是“螺旋锯”。它的牙齿从大到小，紧紧卷在一起，像个锋利的钻头，看着就让人心里发毛。

就因为这些特别的牙齿，旋齿鲨成了古生物学家和爱好者的心头好。

毕竟，现存的鲨鱼和别的脊椎动物，都没有这种螺旋齿。

旋齿鲨是大概在二叠纪时期开始出现的。在我国浙江、湖北、西藏等地，都发现过它的化石，还有科学家在云南昆明、甘肃永登、陕西安塞找到了它的牙齿或者鳍的化石。

哈小奇：

在国外，旋齿鲨的首次发现要追溯到 1899 年的乌拉尔山。当时，一位名叫卡尔宾斯基的古生物学家在化石中发现了有规律的螺旋盘绕结构，这一度让他误以为是有壳的鹦鹉螺或类似生物的化石。但经过进一步研究，他认为这很可能是类似鲨鱼类的身体部分。由于鲨鱼类生物的骨骼系统主要由软骨构成，不易保存，因此这种螺旋结构很可能是牙齿所在的部位。

至于旋齿鲨那卷曲的牙齿盘，究竟有什么用途，科学家们同样众说纷纭。有人猜测这个结构可能是一个减震器，用于在头部受到撞击时保护大脑。但总体而言，关于旋齿鲨螺旋齿的具体功能仍是一个未解之谜。在所有让古生物学家困惑不已的化石谜团中，旋齿鲨无疑是最为持久和引人入胜的一个。

小贴士

根据长达 60 厘米的螺旋状牙齿盘推断，旋齿鲨的体长或可超过 12 米，是名副其实的海中巨兽。

哈小奇：

由于发现的化石只是旋齿鲨身体的一部分，关于这种古生物究竟长什么样，科学家们为此争论了一个多世纪。人们一直在猜测旋齿鲨的样子，它的螺旋牙齿究竟是长在什么部位？有人认为螺旋齿长在颌骨，有人认为长在背鳍上，也有人认为鼻子、下颚、背鳍、尾鳍甚至喉咙深处都长有螺纹。对于这种不寻常的结构适合处于哪个部位一直存在着巨大争议。

直到美国爱达荷州立大学的研究人员利用 CAT 扫描技术，对旋齿鲨颚部进行了三维虚拟重建，才慢慢揭开了围绕这种鱼类旋转状牙齿的一些谜团。

迄今为止，全球范围内已经发现了超过 150 块这样的化石。而爱达荷州立大学的自然历史博物馆更是珍藏了一块举世无双的旋齿鲨螺旋牙化石，这块化石上竟然排列着 117 颗牙齿，直径更是达到了惊人的 23 厘米。通过颌骨的虚拟重建技术，科学家们终于对这块化石的具体位置有了初步答案。

研究结果显示，这些螺旋齿位于旋齿鲨的下颌后部，呈现出一种独特的“锯齿状”排列。而且，在旋齿鲨的颚部还隐藏着一种神奇的向后滚动和切割的“特殊机制”。

根据现代科学的认知，我们知道鲨鱼拥有一种类似传送带的牙齿替换机制。一旦某颗牙齿脱落，后面的牙齿就会自动前移来填补空缺。然而，旋齿鲨的牙齿却与众不同，它们并不会脱落，而是新牙与旧牙紧紧相邻，数量越来越多。

尽管大多数古生物学家都倾向于认为这些牙齿生长在下颌的末端，但这一观点并未能平息科学家之间的争论。这些可怕的螺旋齿究竟是完全封闭在下巴内部，还是笨拙地悬挂在嘴巴外面？这个问题一直困扰着科学家们。

然而，与之前的大胆猜想截然不同，爱达荷州的科学家们认为，这些螺旋齿实际上完全填充了旋齿鲨的下颌空间。下颌关节则巧妙地位于螺旋齿的正后方，由两侧的下颌软骨提供坚实的支撑。

更为令人惊奇的是，据科学家们推测，旋齿鲨的上颚一颗牙齿也没有。它那不断增加的螺旋状牙齿，就是这个生物唯一的武器。

除了发现旋齿鲨没有细长的下巴之外，科学家们还揭示了另一个惊人的事实——旋齿鲨并非真正的鲨鱼，也不是鲨鱼的祖先。尽管它的名字中带有“鲨”字，但据头骨碎片的研究结果表明，旋齿鲨与鼠鱼的关系更为密切。旋齿鲨与鲨鱼唯一的共同点是它们的牙齿。有科学家认为，旋齿鲨是一种长得非常像鲨鱼的大型鼠鱼成员，体长通常可达七八米。

那么，拥有如此奇特牙齿的旋齿鲨，究竟是如何捕食的呢？原来，旋齿鲨的牙齿就像一把圆形的锯子。当下颌闭合时，这些齿轮般的牙齿就会以锯子的旋转运动方式向后切割。这种独特的捕食方式对生活在约 2 亿 7 千万年前的乌贼和其他软体动物非常有效，尤其是鹦鹉螺和菊石（已经灭绝的软体动物）。旋齿鲨的牙齿能够锯开这些动物的外壳，直接享用壳内的美味。也有科学家推测，旋齿鲨的这种特殊装置，正是为了适应捕食菊石而进化出来的。

小贴士

全身武器只有螺旋牙齿的旋齿鲨逃过了二叠纪大灭绝，甚至在海洋里独霸 800 万年。但是也正是因为这种极端特化的生物特征，往往会因为一个细微的变化而走向灭绝。

巨齿霸主——巨齿鲨

哈小奇：

丁小香，你知道世界上牙齿最大的鲨鱼是什么吗？

丁小香：

我不知道，鲨鱼看起来都好吓人呀。

哈小奇：

是巨齿鲨，但是不用害怕，它现在已经灭绝了。

丁小香：

原来是这样！哈小奇，你要给大家讲讲巨齿鲨吗？

哈小奇：

没错，接下来就让我给大家讲一讲世界上牙齿最大的鲨鱼吧！

巨齿鲨生活在早中新世到晚上新世，是其生存年代的海洋顶级掠食者。它被很多古生物学家誉为地球史上最强悍的生物。巨齿鲨，也被称为巨牙鲨，其名称源自其显著的特征——巨大的牙齿。但作为软骨鱼纲的一员，巨齿鲨很难保存完整化石，因此它的化石虽然不少，但大都只有牙齿和部分脊椎骨，我们对巨齿鲨的了解也是主要依赖于这些牙齿和部分脊椎骨化石。

既然是巨齿鲨，那么首先要介绍的便是它的巨大牙齿，在牙齿的形状上，巨齿鲨与现代大白鲨差不多，它们都长着倒三角形的尖牙。然而，巨齿鲨的牙齿在尺寸上要远超大白鲨，其最大长度可达 21 厘米（以斜长计算），几乎是大白鲨牙齿的两倍还要大。此外，巨齿鲨的牙齿根部非常宽阔，相较于大白鲨，它的牙齿宽度至少扩大了五倍。

据科学家们推测，成年巨齿鲨的身体呈鱼雷形，有圆锥形的鼻子，巨大的胸鳍和背鳍，以及强有力的新月形尾巴。它的体长范围大致在16至18米之间，且雌性个体相较于雄性更长，平均而言，雌性体长约为18米，而雄性体长约为16米。至于体重，雄性巨齿鲨的体重估测约为60吨，而雌性巨齿鲨则更为庞大，体重或可达70吨。不难想象，大白鲨在它面前就像是“鲨鱼宝宝”一样。

小贴士

巨齿鲨也许是地球历史上已发现的咬合力最强的生物，最大咬合力推测为20吨左右，其口腔撕咬力量超过了霸王龙，可以很轻松地咬碎鲸鱼的肋骨。

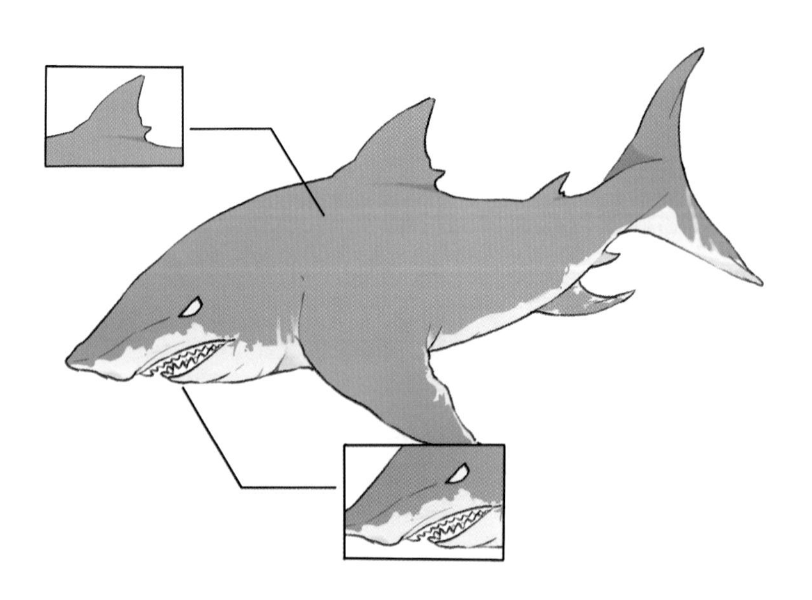

哈小奇：

巨齿鲨的分布范围极为广泛，这种巨大的鲨鱼主要栖息于温带和亚热带的近岸温暖水域，同时也能适应较高纬度的冷水环境。这主要是由于它所具备的温血动物特性——通过游泳时肌肉的收缩产生热量，以此实现体温调节的功能。也正因如此，在欧洲、非洲、北美和南美洲的大部分地区都能发现它的化石。

小贴士

巨齿鲨的牙齿化石自古以来就被对古生物有浓厚兴趣的人群收藏和利用。因其尺寸大且带有锯齿状刀片，成为美洲前哥伦布文化中的珍贵文物，它还被加工制作成射弹尖、刀具、珠宝和葬礼配件。

哈小奇：

如此凶猛的巨鲨，要靠吃什么来生存呢？科学界普遍认为巨齿鲨具备强大的捕食能力，鉴于其庞大的体形及锋利的牙齿结构，科学家们估测巨齿鲨每日需摄取高达 2000 公斤的食物以维持其生存需求。在巨齿鲨生活

小贴士

当巨齿鲨进食时，它巨大的黑眼球会向内翻转，出现“翻白眼”的情况，这是为了保护眼球的重要部位不会被挣扎的猎物抓伤。

的时期，海洋中种类与数量较多的大型生物是鲸类，巨齿鲨极有可能以鲸类为其主要食物来源。这一推测不仅基于其生理特征，也符合当时海洋生态系统的实际情况。

哈小奇：

对于没有天敌且凶猛无比的巨齿鲨，其灭绝的原因至今仍让科学家们争论不休。面对仅能凭借少量牙齿化石进行研究的巨齿鲨，揭开巨齿鲨的灭绝之谜无疑是一项艰巨的任务。时至今日，关于巨齿鲨的灭绝，科学界主要存在以下三种假说：食物短缺、大爆炸影响以及生态竞争。

一种观点是，在第四纪冰期期间，海洋环境发生了巨大变化，海水温度的显著下降对巨齿鲨的生存和活动产生了重大影响。巨齿鲨生活的主要区域内食物大量减少，巨齿鲨找不到足够的食物，最终导致灭绝。也有学者提出了另一种理论，认为大约在 260 万年前，一次超新星爆炸事件导致了地球上大约 36% 的物种灭绝，其中就包括巨齿鲨。此外还有观点认为这

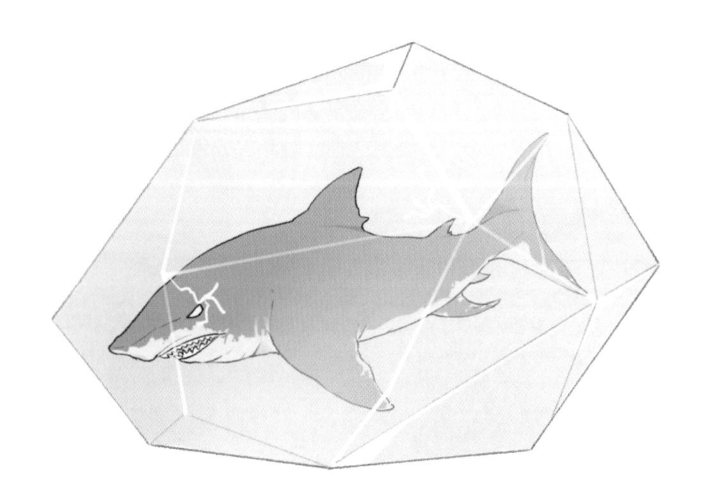

次超新星爆炸事件可能对鲸目动物的数量产生了影响，从而间接地对巨齿鲨的生存造成了威胁。

在 2019 年，有古生物学家提出了一个新的观点，认为巨齿鲨的灭绝可能与大白鲨的崛起有关。然而，这一观点也受到了不少质疑。尽管巨齿鲨和大白鲨在很长一段时间内共存，但它们各自适应了不同的生态位，形成了相对稳定的生态平衡。大白鲨的崛起并不一定直接导致了巨齿鲨的灭绝，因为两者在漫长的进化过程中已经形成了各自的生存策略和适应机制。因此，巨齿鲨的灭绝原因到现在仍然是一个复杂且有待进一步研究的科学问题。

经过当前科学家们的深入研究，科学界普遍倾向于接受“食物论”作为巨齿鲨灭绝的主要解释。巨齿鲨的体形如此巨大，需要进食大量食物才能存活。就在巨齿鲨消失的那段时间，地球进入了冰河时代，这个气候变化可能对巨齿鲨影响很大。因食物减少，再加上冰冷的海水也让它们变得不那么活跃，捕猎能力下降，但同时它需要的热量却依然庞大甚至更加庞大，最后这个古老的大家伙也就只能退出历史舞台。

中新世海洋霸主——梅尔维尔鲸

哈小奇：

丁小香，你知道海洋中最大的生物是什么吗？

丁小香：

那当然是鲸鱼啦！

哈小奇：

答对了！早在中新世的海洋里，鲸鱼中就产生了一位“海洋霸主”。让我们一起来看看吧。

你有没有梦到过这样的场景？在幽暗的海洋里，你正拼命地向前游去，生怕后面的鲨鱼追赶过来，突然，眼前出现一张血盆大口，夹带着你连同海水一同吸入……你最后的记忆停留在了鲨鱼的喉咙处，即使是醒来也仍心有余悸，更是不敢想鲨鱼的“祖上”还有巨齿鲨这样的庞然大物。但你可能不知道还有一种可怕古生物，与巨齿鲨相比也不肯多让，它就是中新世的海洋霸主——梅尔维尔鲸。

梅尔维尔鲸是一种在南美洲发现的已经灭绝的中新世鲸鱼，学界将其归入齿鲸亚目下，与现如今的长江江豚和抹香鲸

归在一起。梅尔维尔鲸的体形非常庞大，目前发现的最大的梅尔维尔鲸体长可达 18 米，体重约 65 吨，活脱脱像一个水中坦克；头骨宽而大，撑起了梅尔维尔鲸的大额头，里面存有很多脂肪和蜡质，这既可以让梅尔维尔鲸有出色的保暖能力，也让它回声定位猎物的本事更加出众；在它的巨大脑袋后面是它庞大的身躯，腹部两侧已经有演化成熟的鳍；背部也有一个小鳍，这方便梅尔维尔鲸在攻击大型猎物时保持平衡；尾部的鳍粗壮且强劲有力，让它可以在海洋里快速游动。

小贴士

梅尔维尔鲸是以《白鲸》的作者、美国著名作家赫尔曼·梅尔维尔的名字来命名的。人们用《白鲸》中那只力大无穷能给人带来恐惧感的白鲸来和梅尔维尔鲸进行联想真是贴切无比。

哈小奇：

梅尔维尔鲸最厉害的就是它口中那两排锐利的尖牙，有化石记录显示，梅尔维尔鲸的牙齿长度可超 36 厘米，直径可达 12 厘米，可以说是目前世界上发现过的最大的牙齿之一。粗壮的颌骨又赋予了它强大的咬合力，这使得它可以轻松地咬碎猎物的皮肉。

小贴士

大型头足纲的鱿鱼、章鱼，皆是梅尔维尔鲸的盘中美餐，梅尔维尔鲸甚至可以捕食比自己更加强壮的生物，比如同时期的须鲸、鲨鱼等，是当之无愧的中新世海洋霸主。

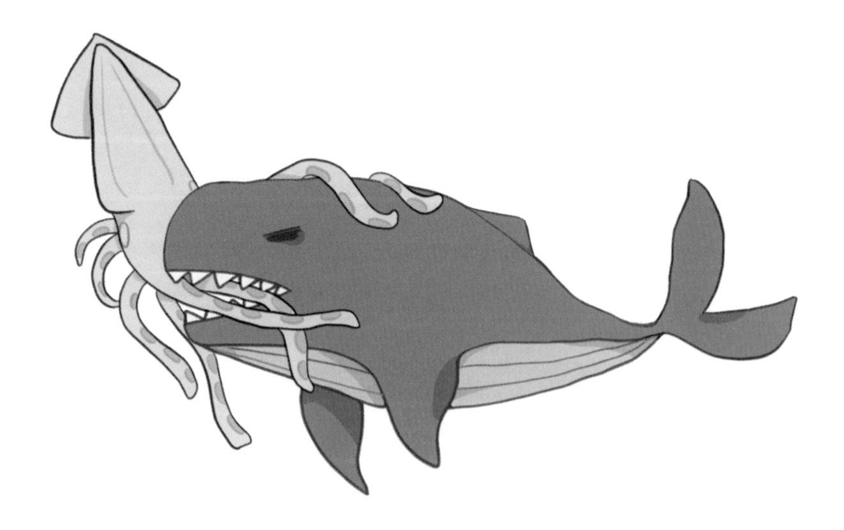

哈小奇：

当然，作为中新世时期海洋生态系统中的顶级掠食者，梅尔维尔鲸也会与其他掠食者竞争食物与领地，比如巨齿鲨，在漫长的地球历史中，梅尔维尔鲸和巨齿鲨共存了一百万年的时间，我们不禁幻想起它们在海洋中的战斗。强大的梅尔维尔鲸，是单枪匹马与凶狠的巨齿鲨搏斗，来一场酣畅淋漓的生死之战呢？还是“三英战吕布”，和几位强者一同迎接巨齿鲨妄图染指梅尔维尔鲸中新世海洋霸主宝座的挑战呢？这一切只能留给我们去想象了，但幸运的是，我们还能看到鲸和鲨的后代们仍在地球上继续对决着，如今的虎鲸与大白鲨，依旧秉持着过去祖先的荣光。

伟大的存在总会迎来落幕，如此强大的梅尔维尔鲸，依旧没有逃脱大自然的规律。梅尔维尔鲸的灭绝原因科学家还并没有完全弄清楚，不过，主流的说法是伴随着中新世南极冰盖的发育和全球气温的降低，海洋温度下降，这使得梅尔维尔鲸的猎物数量大规模减少，在失去了稳定的食物来源后，梅尔维尔鲸便走向了末路。也有一些说法认为，在与中新世新出现的各种生物展开竞争时，廉颇老矣的梅尔维尔鲸显然是打不过这些骄傲新秀，它们与梅尔维尔鲸竞争食物和空间，更有甚者也在捕食梅尔维尔鲸的幼仔，最终梅尔维尔鲸英雄惜败，消失在历史的长河中。

小贴士

经研究发现，梅尔维尔鲸与现代的抹香鲸有某种亲缘关系。但就在海洋中的地位来说，抹香鲸却逊色许多。尽管梅尔维尔鲸消失了，但它却在用化石传播着自己的赫赫战绩。

四

陆地的新生

铲面巨犀——板齿犀

哈小奇：

丁小香，你见过最大的犀牛吗？

丁小香：

这你可难不倒我，现存最大的犀牛是白犀牛。

哈小奇：

在史前，还存在着一种比白犀牛更大的犀牛，那就是有史以来最大的犀牛——板齿犀！

犀牛，当今地球上体形仅次于大象的陆生脊椎动物，主要栖息于热带与亚热带地区。它的皮肤如大象一般坚韧粗糙。回溯至史前时期，犀牛曾活跃于严寒的北方，那时它们身披浓密毛发以御寒，其中最为壮观的种类，

小贴士

板齿犀于 1808 年被德国生物学家约翰·费舍尔·冯·瓦尔德海姆正式命名。沙俄公主达什科娃曾将板齿犀的化石赠送给莫斯科大学，当时这块化石仅包含了一块下颌骨及其上附着的牙齿。

莫过于体形庞大的板齿犀！

板齿犀的体形跟现在的亚洲大象差不多。乍一看，可能会觉得它和披毛犀相似，但如果你仔细观察，会发现它们俩还是有很大区别的。披毛犀的脑袋宛如长方形，而板齿犀的脑袋则显得更为圆润饱满，给人一种胖乎乎的感觉。说到角，披毛犀在额头与鼻子上都长有角，而板齿犀则更为独特，它的额头上耸立着一个超大的角，异常引人注目。此外，板齿犀的体形还是披毛犀的两倍之大，这种庞大的身躯让人一眼望去便感到震撼无比。

现在，随着发掘的板齿犀化石越来越多，科学家们对它的研究也越来越清晰。最初人们在西伯利亚和东欧挖出了许多板齿犀的化石，将其定名为“西伯利亚板齿犀”。后来，科学家们在亚速海附近又发现了新的化石，称为“高加索板齿犀”。再后来，中国和欧洲其他地区也挖出了不少板齿犀的化石，这些化石让我们对板齿犀有了更多的了解。

科学家们后续发现，虽然不同地方挖出来的板齿犀化石略有不同，但其实它们之间的区别也没有那么大。有些我们以为是新种类的板齿犀，可能只是两种已经知道的板齿犀的变种或者亚种。西伯利亚板齿犀和高加索板齿犀就十分相似，有的人甚至觉得它们就是同一种动物。

板齿犀类以前可是个大家族，板齿犀就是里面的佼佼者。它的头骨长达 90 厘米左右，体长可达 5 米。为了撑起这么大的身子，板齿犀的骨头都特别粗，特别结实。虽然它的腿比较短，但是奔跑速度特别快，在草原上灵活得很。

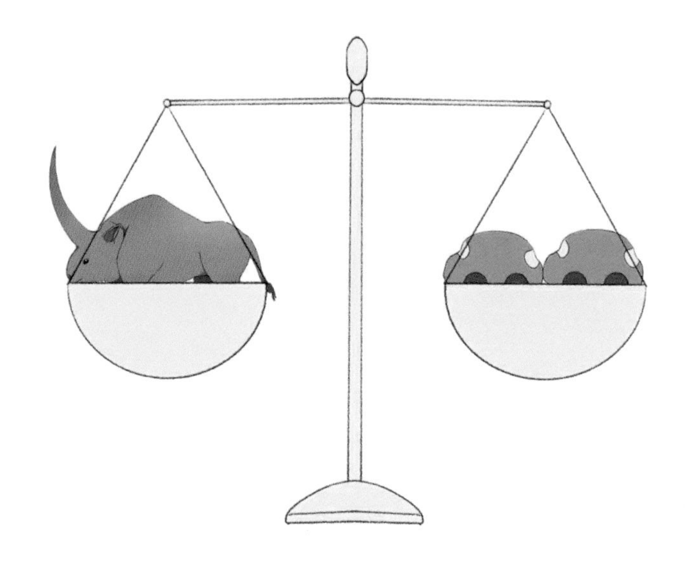

哈小奇：

板齿犀属下每个成员各具特色，尤以高加索板齿犀最为引人注目。其体形之庞大，堪比大象。它的体重惊人，介于 3.5 吨至 5 吨之间，相当于两辆小轿车的重量，堪称犀科动物中的巨无霸之一。

除了体形庞大，板齿犀还以其独特的长角和浓密的长毛著称。它的犀角虽然很长，但无法保存下来，大多数化石只留下额头上的圆形隆起作为犀角存在的推测证据。而身上的长毛，则是板齿犀适应北方严寒环境的重要证明。

与现代犀牛相比，板齿犀在头骨与牙齿结构上有着非常明显的特征。现代犀牛或双角或独角，其中独角犀的角一般长在鼻骨上。而板齿犀则是在额头正中生长着一支极长的犀角，生长的位置相当于双角犀头上的第二个小角处。

哈小奇：

一般来说，我们判断犀牛角的样子，都是根据犀牛头骨上生长犀角的骨垢面进行推测。但板齿犀的前额骨则有些不同，那里并非平坦的骨垢面，而是鼓起一大块角基。所以，科学家们目前认为板齿犀活着的时候，额头上可能长着一根又大又长的犀角。不过，这个角到底长什么样，就只能凭借推测和想象。因为犀牛角不是骨头，而是由角质蛋白构成，这种物质很难变成化石留下来，所以我们基本看不到它原来的样子了。

除了这支惊人的大角，板齿犀的牙齿也锋利异常，靠着这些利齿，它能够轻松咀嚼坚硬的草料，再加上强壮巨大的身体，使它在草原上稳坐霸主之位。然而，随着环境的变迁，板齿犀终究难逃灭绝的命运，在西伯利亚广袤的大平原上，它们的身影早已消失不见。尽管如此，它们的庞大与独特，以及大自然那令人叹为观止的创造力，仍将永远存留在古生物科学带给我们的记忆中。

澳洲魔龙——古巨蜥

哈小奇：

丁小香，你听说过“澳洲魔龙”吗？

丁小香：

听起来好可怕啊！

哈小奇：

哈哈，不用怕，它是一种古老且奇特的生物，我们一起来看看这种澳洲魔龙——古巨蜥的真面目吧！

澳大利亚四面环海，特殊的地理位置也孕育出了一大批巨型生物群。古巨蜥便是其中的一员，它是科莫多龙的近亲，却比科莫多龙大 5—10 倍。它是蜥蜴界的王者，是站在食物链顶端的爬行动物。

1859 年，古生物学家理查德·欧文为其取名古巨蜥，并建立了古巨蜥属，希腊文意为“远古巨大的漫游者”。后有研究指出，古巨蜥的后头颅骨顶形态与眼斑巨蜥相似，另一项研究则指出，古巨蜥与科莫多龙的脑颅结构相似，便将这澳洲魔龙归于巨蜥属之内。

作为巨型家族的一员，古巨蜥身长或可达 7 米，体重可超 500 千克。古巨蜥作为顶级掠食者，它可以捕杀比自己体形大 1 倍，比自己体重大 10 倍的猎物，是一个匍匐在地上却睥睨澳洲生物群的“王者”。用科莫多龙作类比，科莫多龙可以生吞野猪、狒狒等相似体形的动物，古巨蜥的捕食能力更是不在话下。它甚至可以捕杀巨型动物双门齿兽，要知道双门齿兽的体重能达到 3 吨。别看古巨蜥行动缓慢，却具有强大的爆发力，在短时间冲刺时能达到很高的速度。

小贴士

据古老的原住民传说，澳洲有一只来自高山的肉食性蜥蜴曾造成村民恐慌，他们指的很有可能就是史上最大型的蜥蜴——古巨蜥。在古老的洞穴壁画中，曾出现过巨蜥的身影。

哈小奇：

说完了食物，再说一下古巨蜥的“武器”。古巨蜥的第一件捕食武器就是它的牙齿。牙齿像钩子一样可以刺入猎物体内，同时，牙齿上面还长着极其细小的锯齿。古巨蜥的嘴巴上连接着强有力的咬肌，这意味着它具有十分强悍的咬合力。它一口咬下去，就能从猎物身上撕下一块儿像沙滩球一样大的肉。除了巨大的利齿之外，古巨蜥分叉的舌头也是搜寻猎物的有力武器，上面布满了许多味觉感受器，但它只有在攻击猎物时，才会亮出“秘密武器”。

古生物学家发现科莫多龙头骨当中的鳞屑下方有红色和粉色间隔的毒液腺。当科莫多龙撕咬动物肉体时，毒液会通过牙齿和唾液注入动物伤口。这些毒液能阻碍血小板的凝结作用，减慢伤口愈合，因此，大多动物在被撕咬后会因失血过多而死亡。与科莫多龙类似，古巨蜥的嘴中很有可能也存在着毒液腺，辅助捕杀猎物。

古巨蜥是澳大利亚的特有动物，喜欢栖息在开阔的林地或草原上，但是它的化石也出现在河岸沉积层和洞穴里。仍然用科莫多龙作类比，古巨蜥有可能会潜伏在林地边缘或灌木丛、高草丛中，或在猎物经常聚集饮水的水源附近。它利用分布在耳部、嘴唇、下颌和脚掌皮肤上的感受器感知地面的震动，等待猎物靠近时突然发起攻击，撕裂猎物的后腿、下腹或者喉咙。

古巨蜥的主要攻击手段便是物理输出，说白了就是用牙去撕扯猎物，一击未致命的情况下可能会活生生地将猎物吃掉。古巨蜥化石中头骨顶部的突起就是有力的证据（突起可附着更多的拟颞肌肉来增加咬合力和颈肩部甩动撕扯的力量）。不过也不用担心，古巨蜥是生存于更新世的南澳洲，现早已消失。但是最早登陆澳洲的原住民似乎与其一同生活过，甚至有的人称，古巨蜥是因为偷吃人类家畜被人类大肆捕杀而灭绝的。

哈小奇：

古巨蜥身强体壮，身后长有一条粗长的大尾巴，四肢末端长有 5 个趾头，趾头末端长有弯曲的钩爪。它的身体表面披着一层坚韧的鳞片皮肤，就像铠甲一样保护着它不受伤害。古巨蜥是名副其实的史前陆地爬行之王，与其同时代的袋狮、袋狼、霍纳比蛇等食肉动物都无法与其对抗。然而拥有如此强大战斗力的古巨蜥还是在地球上消失了。

小贴士

有研究发现，古巨蜥的近亲科莫多龙也可以孤雌生殖，也就是在没有雄性的情况下，雌性会产卵并可以孵化，且产下来的都是雄性的后代。

哈小奇：

连年干旱也许给曾在地球上广泛分布的体形巨大的蜥蜴带来了灭顶之灾。但由于缺少化石证据，古巨蜥的消失仍旧是一个谜。

史前的恐怖巨鸟——骇鸟

哈小奇：

丁小香，你见过比人还要高大的鸟吗？

丁小香：

哈小奇，你说的是鸵鸟吗？

哈小奇：

比鸵鸟要恐怖得多！让我来介绍一下这种史前的恐怖巨鸟——骇鸟吧。

同学们，当我们谈论到史前时期，大家可能会想到巨大的恐龙，但你们知道吗，除了恐龙，史前时期还有一类非常特殊且令人生畏的生物——骇鸟。

首先，让我们了解一下骇鸟的基本情况。骇鸟，又名恐怖鸟，是一类生活在南美洲的大型肉食性鸟类。作为生存于距今 6200 万年到 200 万年前的高阶猎食者，骇鸟是以其巨大的体形和凶猛的性格而闻名的。骇鸟活跃在恐龙时代结束之后，现代哺乳动物出现之前的过渡时期。据科学家的研究和化石记录显示，骇鸟的身高一般可以达到 2 至 3 米，其中一些种类甚至可能超过 3 米。骇鸟有着非常强壮的腿部，不仅可以用来奔跑，还可以用来攻击猎物。脚趾前端长着强有力的趾爪。骇鸟的头部和喙也非常强大，它的喙如剃刀般锋利，喙部末端有一个非常尖锐的钩子。头骨顶部附着大块的肌肉组织，使它具备极强的攻击力。

在史前的南美洲，骇鸟是霸主级别的存在，作为顶级掠食者，它在生态系统中占据了不可或缺的地位。骇鸟主要以小到中型的动物为食。骇鸟会在瞬间予以猎物致命的一击。它会从它的脖子发力，将尖喙刺穿猎物的脊柱，或是直接刺入猎物的头骨。在骇鸟的捕食活动下，猎物种群的结构和数量受到了很大影响，为生态系统的平衡发挥了重要作用。

骇鸟的演化历史相对神秘，其祖先和演化过程尚未完全清楚。我们知道的是，骇鸟的出现和南美洲大陆的孤立有关。在古新世时期，南美洲与其他大陆分离，形成了一个相对封闭的生态系统。在这个独特的生态环境

小贴士

骇鸟科中最著名的要数泰坦鸟，它和霸王龙有着亲缘关系，继承了恐龙的特点，血液中流淌着嗜血成性的基因，可以直接吞下像比特犬大小的食物。

中，骇鸟成为顶级掠食者，它的体形和狩猎能力随着时间的推移而逐渐改善。在演化过程中，骇鸟形成了近 20 个已知的物种，每种都有自己独特的特点和生活习性。例如，卡林肯骇鸟是已知最大的骇鸟科物种，身高达到 3 米，头骨长度也相当惊人。这种巨大的体形使它成为生态系统中无可匹敌的掠食者。同时，骇鸟的头骨和喙部也经历了显著的演化，以适应它们的捕食生活。

哈小奇：

骇鸟是一个多面手，它既能实施一场突袭，又能像狼一样长时间追捕猎物，是非常聪明且有技巧的捕食者。骇鸟的狩猎策略是独一无二的，这使它成为令人畏惧的捕食者。骇鸟会利用强壮的喙和锋利的爪子来捕捉猎物。当它饿了，它会观察自己的领地，它非常善于观察环境，并拥有广阔的视野，一旦发现猎物，它就会迅速冲向猎物。此外，骇鸟还有另一个优势，它身上的听觉器官使它对低频声音更加敏感，能察觉到微弱的声响，从而发现猎物。如果猎物是小型动物，它会用喙抓住它；如果是中型或大型动物，它会迅速将其击倒，然后运用非常高效的手段分解猎物。

我可以给同学们讲一个骇鸟捕食的小故事，以便更好地理解。在遥远的史前时期，南美洲的广阔森林和草原上，有一种名为骇鸟的霸主。一天清晨，太阳刚刚升起，森林中的生物们开始活动。在这庞大的生态舞台上，骇鸟是无可争议的主角。在晨光的照耀下，一只骇鸟在高大的树木间悄悄穿行，它的目光锐利，时刻寻找着猎物的踪影。突然，它的目光被一群小马吸引，它们正在草地上快乐地觅食和嬉戏。骇鸟悄悄接近，每一个动作都小心翼翼，以免惊起草中之兽。它的心中充满了耐心，等待着最佳的猎食时机。

终于，一只无知的小马慢慢走到了它的攻击范围内。在这一刻，时间似乎凝固了。骇鸟的心跳加速，它的肌肉紧绷，准备发动攻击。突然，它像闪电一样冲了出去，它的长喙在空中划出一道完美的弧线，瞬间击中了猎物。小马来不及反应，已经被骇鸟牢牢抓住，最终成为它的早餐。

这只骇鸟满意地享用着猎物，它的胃袋渐渐满足，力量也随之恢复。它知道，为了在这片史前的土地上生存，它必须时刻保持警惕，利用它的速度和力量，成为这片土地上的真正霸主。

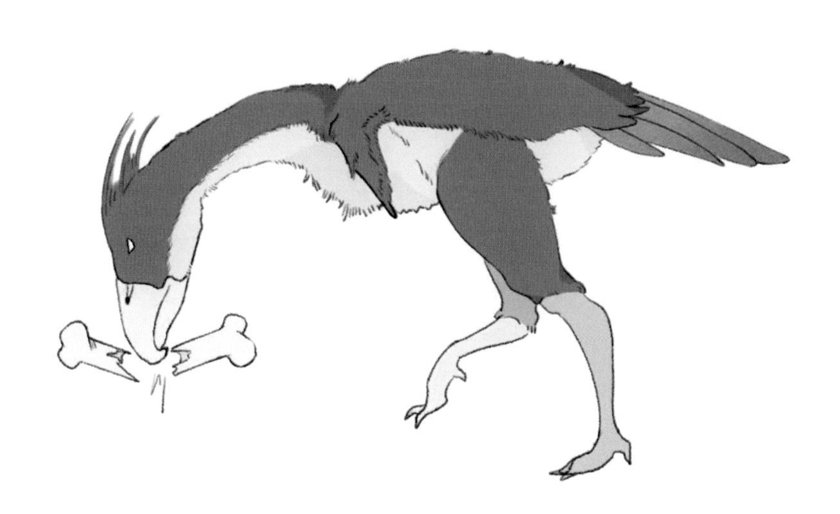

哈小奇：

当然，生活并不总是那么顺利。随着大陆漂移，南美洲结束了长时间的孤立状态，新的掠食者和食草动物开始入侵这片土地。新来的猫科和犬科动物给骇鸟带来了前所未有的竞争压力，影响了它在生态系统中的地位。虽然骇鸟曾是顶级掠食者，但在新竞争者面前，它的生存受到了严重威胁。

小贴士

虽然缺乏直接证据，但一些研究者推测，骇鸟可能与我们的远古祖先有过一些交互。在某些时期，它们可能与早期的人类共享了相同的生态位，甚至可能存在一些竞争和捕食关系。

哈小奇：

总的来说，骇鸟在史前南美洲的生态系统中，是一个不可忽视的重要角色，它通过捕食活动维持了生态系统的平衡，也为我们今天了解史前生态系统提供了珍贵的信息。不过，随着新物种的入侵和环境的变化，骇鸟的生存环境逐渐恶化，骇鸟最终没能逃脱灭绝的命运。

同学们，通过了解骇鸟，我们不仅可以窥探史前生活的世界，还能感受到大自然的神秘和壮观。骇鸟虽然已经灭绝，但它在地球的历史上留下了不可磨灭的印记，成为我们探索和学习自然历史的重要窗口。在学习了骇鸟的生活和习性后，我们也能更好地理解生物进化的奇妙和生态系统的复杂多样。

史前"大猫"——剑齿虎

丁小香：

哈小奇，你看这些小猫咪真可爱！

哈小奇：

嘿嘿，如果这些小猫咪变成它们的猫科“亲戚”——狮子、老虎，你还会觉得它们可爱吗？

丁小香：

哎呀，那可太吓人了！

哈小奇：

在千百万年前，地球上还生活着一种比狮子、老虎还大的凶猛“猫咪”，我们一起来看看吧。

同学们，你们肯定在动物园或电视上见到过狮子和老虎吧。作为当今地球上的顶级掠食者，这些大型猫科动物在陆地上耀武扬威，难逢敌手。

但在千百万年前的远古时期，还有一种更加巨大凶猛的猫科猛兽。在这种“大猫”面前，如今的狮子、老虎也成了“小猫咪”。今天，我们一起来认识一下这只强壮又嗜血的史前“大猫”——剑齿虎。

在距今 3500 万年前，地球正处于新生代第三纪——渐新世。在这个时期，上一时期的古老物种逐渐灭绝，而哺乳动物刚刚经历了始新世的大进化，正要在生物圈中大展拳脚。我们今天的主角剑齿虎也正是在这个时代登上陆地生物的大舞台，在猫科动物的大家族中开辟自己的家族——剑齿虎亚科。

根据现代生物学的分类，剑齿虎亚科是个不小的家族，除去剑齿虎外，还包括了刃齿虎、巨颏虎、恐猫等许多成员。而狭义科学概念上的剑齿虎，则是专指短剑剑齿虎，它是剑齿虎亚科家族中的“长辈”，也是真正的剑齿虎。

小贴士

在许多现在的艺术形象中，因为标志性特点剑齿不够鲜明，短剑剑齿虎的形象总被剑齿更长、更有弧度的后辈“刃齿虎”顶替。

哈小奇：

根据科学家的推测与大量出土化石，剑齿虎也有许多细分的种类，其中最大的巨型短剑虎头骨长度达到了惊人的 40 厘米，几乎是人类头骨长度的两倍，这种剑齿虎肩高约有 1.25 米，体长则可能超过 3.5 米，是当时地球上的顶级掠食者。和今天的顶级掠食者——老虎相比，剑齿虎的体重有一定优势，它的体重可达 200—400 公斤；而两者更加明显的差别则在口中——剑齿虎的口中长着一对长而锋利的剑齿，剑齿虎的剑齿长度通常可达 12 厘米，而剑齿虎的近亲刃齿虎的剑齿更是达到了惊人的 20 厘米以上，这两枚巨大的獠牙是区分剑齿虎家族成员和其他猫科动物的重要标志。

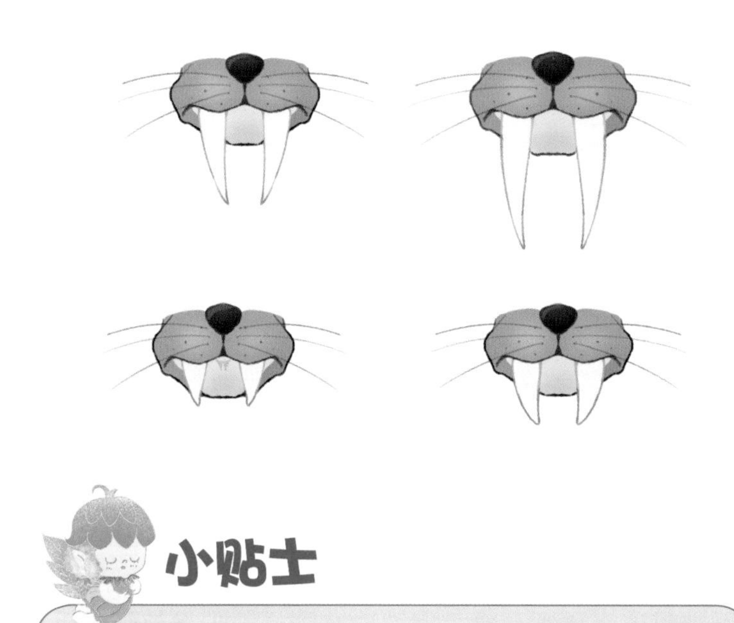

小贴士

虽然剑齿虎早已灭绝而老虎至今存在，但是两者并没有直接的亲缘关系，老虎的直系祖先曾和剑齿虎共存于地球上，两者是平行进化的物种。

哈小奇：

那么，剑齿虎的獠牙究竟有什么用处呢？很多人下意识地认为剑齿是剑齿虎最强大的武器，但根据科学家的推测，作为大型猫科动物，剑齿虎在捕猎时主要依靠强壮的前肢袭击猎物。在将猎物扑倒在地后，剑齿虎会利用粗壮的前肢控制住猎物，直到猎物失去反抗能力之后，才会将剑齿划开猎物的喉咙或腹部，插入动脉，给予猎物致命的最后一击。也有科学家提出，在剑齿虎生活的冰河时代，为了御寒，很多大型食草动物进化出了厚实坚韧的皮肤。而剑齿虎的剑齿正是为了划开象类等厚皮大型食草动物的皮肤，对这些庞然大物造成有效伤害并使其出血死亡。为了更好地利用这对獠牙，有些剑齿虎的下颌可以张得很大，与头骨形成超过90度的夹角，也只有这样才能使10厘米以上的剑齿获得咬合的力量，成为剑齿虎的“致命武器”。

作为那个时代的顶级掠食者，剑齿虎是标准的肉食动物，它的猎物从美洲野牛、鹿、三趾马到犀牛、猛犸象的幼崽。相比起其他矫健的猫科动物，剑齿虎的身形并不矫健，反而有些类似笨重的熊，因此剑齿虎并不以速度追击猎物取胜，而是隐藏起来伏击猎物，以爆发性的力量将猎物压倒，再用剑齿使敌人毙命。值得一提的是，剑齿虎和我们人类的祖先曾生活在同一时代，这意味着我们的祖先也可能是剑齿虎菜单上的猎物，有专家估计，在剑齿虎生活的时代，可能有几十万人命丧“虎口”。

根据出土的化石分析，剑齿虎家族广泛地分布于世界各地，在不同时期的亚洲、欧洲、非洲、北美洲、南美洲均发现了它的身影。剑齿虎家族的化石数量出产最多、最完整的地方则是美国洛杉矶的汉柯克化石公园。汉柯克化石公园原本是当地的一片沥青湖，早年，印第安人用湖中的沥青做燃料，而美国在西部开拓时抢走了这片沥青湖，在开发这片沥青湖时发现了其中埋藏的两千多只致命刃齿虎和大量其他脊椎动物的化石。按化石年龄分析，死于湖中的刃齿虎仅有小部分是幼年，绝大部分是青壮年，这表明它们应当是为了来这里捕食陷入沥青中的猎物，却与猎物一同沉入湖中。

剑齿虎在我国也有一定分布，在我国的甘肃等地发现了剑齿虎家族成员的化石。而在我国发现的北京猿人化石和遗址中，也有不少剑齿虎亚种的痕迹。北京猿人与剑齿虎的关系可能介于猎物和猎人之间，大多数时候，落单的北京猿人是这些剑齿虎亚种的猎物，但在一些北京猿人的生活地中，也出现了一些亚种剑齿虎的化石，这或许表明掌握了简单石器的北京猿人也有了反击甚至捕杀这些亚种剑齿虎的能力。

哈小奇：

那么，这种称霸世界的顶级掠食者究竟是为何灭绝的呢？根据专家推测，剑齿虎的灭绝很有可能是冰期结束导致的。在冰期结束后，地球温度上升，大量耐寒的厚皮食草动物向南北极圈迁徙，但由于高纬度地区没有足够的食物，这些食草动物纷纷饿死。而剑齿虎也因此失去了猎物，以至于铤而走险，跳入汉柯克化石公园的沥青湖这类危险地形中捕猎。但即便如此，缺少食物来源的剑齿虎还是日渐减少，最终没有逃出灭绝的命运。在这其中，我们人类的祖先也可能是推手之一，作为地球上真正最强大的猎人，人类在一路迁徙和发展中大量捕猎其他物种，导致了许多动物的灭绝，而作为人类的竞争者，剑齿虎的灭绝也很有可能与人类捕杀和争夺猎物有关。

作为最大的史前猫科动物，剑齿虎是那个时代最强健的致命猎手，但它的灭绝也向我们提出了一个问题——强大的力量就可以保证物种的生存与延续吗？

披毛巨象——猛犸象

哈小奇：

丁小香，你知道陆地上最大的哺乳动物是什么吗？

丁小香：

我知道，现存最大的陆生哺乳动物是非洲象。

哈小奇：

你见过比非洲象还要大的大象吗？

丁小香：

还有更大的大象吗，快给我们讲讲吧！

哈小奇：

“耳朵像扇子，鼻子像钩子，大腿像柱子，尾巴像辫子。”这个谜语的答案就是大象，也是我们当今对于象类的普遍印象。但是早在第四纪冰河时期，亚欧大陆北部及北美洲北部的寒冷地区生活着一种长有巨大门齿、身披棕黑色长毛的猛犸象。

猛犸象是长鼻目象科猛犸象属的哺乳动物，是高度特化的真象类。它是第四纪冰河时期具有代表性的生物，也是当时世界上最大的象类。后因为气候变暖，生长速度缓慢以及人类捕杀等因素，猛犸象的幼崽成活率下降，导致猛犸象数量锐减直到灭亡。

猛犸象在体形上与现代象相似，成年的母象肩高可达 3 米，公象肩高可达 3.3 米，体重可达 6—8 吨。猛犸象拥有强烈弯曲并旋卷的门齿以及短

猛犸象的灭绝也几乎标志着第四纪冰河时期的结束。著名的动画电影《冰河世纪》就是以猛犸象作为主角展开了一系列有趣的故事。

而高的头骨。从侧面看，肩部是全身最高的部位，在脖颈处有一个明显的凹陷，整体呈驼背的样子。全身都覆盖有细长的绒毛，绒毛颜色呈现棕黑色。

不像现代象生活在热带地区和亚热带地区，猛犸象生存于亚欧大陆北部及北美洲北部的寒冷地区，特别是靠近北极圈的冻原地带，在我国东北、山东、内蒙古、宁夏等地区，都曾发现过猛犸象的化石。因此除了拥有较长的体毛，猛犸象还有最高厚度可达 9 厘米的脂肪层用来保持体温。但尽管拥有极强的御寒能力，猛犸象在冬季还会向南方迁徙，去寻找更加茂盛的植物。

小贴士

猛犸象的头部和背上有隆起，里面富含脂肪，能帮助猛犸象在冬天储存能量，以度过恶劣、严寒且食物较少的冬季。

哈小奇：

猛犸象属于群居动物，在夏季一直生活在高寒地带的草原和丘陵上，以草类和豆类为食，冬季则南迁，以灌木和树皮为食，等到春季冰雪融化再返回栖息地。猛犸象在很长一段时间都是与人类共同进化的阶段，一开始的相处还算是和睦，直到人类学会了火的使用以及协作捕猎才使得人象关系恶化。基于对它们近亲现代象的社会关系研究，雌性猛犸象可能生活在一个由雌性首领领导的群体中。而雄象则是单独生活或者生活在松散的小群体中。

雌性猛犸象一次只能生育一胎，一生中能生下 5—15 只小象，寿命约为 60 年。现代象的怀孕周期通常为 22 个月，考虑到猛犸象生活在严寒地带，因此推测其怀孕周期会更长，同时生长速度也会更加缓慢。

随着冰川时代结束，气候开始变暖，猛犸象的活动区域逐步减少，食物也越来越得不到充足的保证。虽然对于猛犸象灭绝的原因还没有确切的定论，但是人类的过度捕杀一定是其中一个原因。随着人类掌握了火以及更加先进的工具，同时成功驯化了狗来辅助捕猎，种种因素使得人类有更大的把握去猎杀猛犸象。人类把猛犸象当作食物，把皮毛做成抵御寒冷的衣服。

小贴士

除了气温变暖和人类的捕杀，近亲繁殖可能也是导致猛犸象灭绝的重要因素。通过研究可以发现最后一批猛犸象的基因变异严重，甚至影响嗅觉和生殖能力。近亲繁殖让猛犸象失去了繁衍下去的机会。

哈小奇：

猛犸象的化石大多出土于北极圈附近，在阿拉斯加甚至发现了很多猛犸象牙制品。随着全球变暖，北部的冰层也开始融化，更多埋藏在冰层之下的猛犸象的尸体也不断被发掘。2012 年在俄罗斯东部猛犸象墓地中甚至发现了猛犸象的软体脂肪组织、毛发和骨髓等，这些完好的组织很可能已经在永久冻土地带保存了 1 万年以上。随着更多猛犸象的尸体被挖掘，人们也许有望在其中提取完整的DNA，争取有朝一日能够“复活”猛犸象。

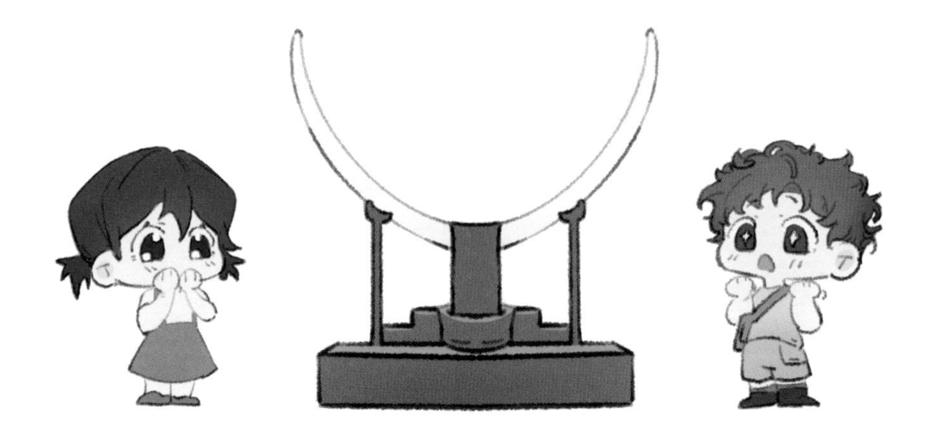

由于大自然中化石的形成需要 2.5 万年，甚至更长的时间，而猛犸象灭绝时间还不到 1 万年，所以猛犸象的化石绝大多数是半石化的。

哈小奇：

值得一提的是，猛犸象牙的买卖目前在国际社会是被认可的。猛犸象牙与现代象牙的成分几乎一样，因此猛犸象牙的制品广泛流传于收藏爱好者手中。

◎知识链接

显生宙的三个地质时代

哈小奇：

丁小香，你听说过显生宙的不同地质时代吗？

丁小香：

是指古生代、中生代和新生代吗？

哈小奇：

没错，我们现在一起来深入了解一下地球历史上那个悠远的古老时期——古生代。这个时期长达3亿年，从大约5.4亿年前一直延续到2.5亿年前，是地球上生命的初期探索和多样性蓬勃发展的阶段。

丁小香：

哇，听起来好神奇！那么在古生代，地球上都发生了些什么呢？

哈小奇：

在古生代，地球的面貌经历了翻天覆地的变化。早期，海洋是主宰地球的力量，而陆地上则开始涌现出最原始的生命形式，包括最早的单细胞微生物。这个时期被称为“寒武纪”。

丁小香：

寒武纪听起来好像是很重要的一个时期。

哈小奇：

没错，寒武纪是古生代的开端，也是地球历史上最为重要的时期之一。

在这个时期，生物大爆发发生，各类生命形式迅速演化和繁衍。从微小的藻类到庞大的三叶虫，生态系统开始呈现出前所未有的多样性。

在寒武纪之后是奥陶纪，奥陶纪是史上海面侵蚀陆地最广泛的时期。奥陶纪见证了海生无脊椎动物真正步入繁荣的阶段，同时，这一时期生物呈现出显著的生态分异特征。在奥陶纪末期，全球多个地区发生关键性的构造变动、火山活动以及热变质作用，这些地质活动导致部分地区褶皱形成山脉，进而一定程度上改变了地壳构造和古地理格局。

奥陶纪之后，地球进入了志留纪。在这两个时期的更迭过程中，地球经历了残酷的伽马射线暴，导致了一场大规模的物种灭绝。在这场灾难中，地球上约有60%的物种消失，其中包括圆月形镰虫、彗星虫等原始生物。志留纪地层在世界分布较广，浅海沉积在亚、欧、美洲的大部分地区，及澳大利亚的部分地区。非洲、南极洲大部分为陆地。在志留纪时期，海生无脊椎动物仍然占有重要地位。在此期间，脊椎动物的无颌类得到进一步发展，同时出现了有颌的盾皮鱼类和棘鱼类，这是脊椎动物演化史上的重大转折。自此，鱼类开始征服水域，为泥盆纪鱼类的发展奠定了基础。

2022年研究人员发现了一个来自3.8亿年前的有颌鱼化石，而这条鱼拥有心脏，这是迄今为止发现的最早的一颗心脏，这条鱼属于志留纪之后的泥盆纪。自泥盆纪起，地球再度迎来海西运动。因此，在这一时期，众多地区逐渐浮出水面，转变为陆地，使得古地理格局相较于早古生代发生了显著变化。在泥盆纪，蕨类植物繁荣昌盛，同时昆虫和两栖类也开始崛起。这个时期脊椎动物开始飞跃发展，鱼形动物数量和种类增多，现代鱼类——硬骨鱼开始发展。泥盆纪常被称为“鱼类时代”。

下面是石炭纪，这个时期地壳运动非常剧烈，陆地面积不断增加，出现了大面积的森林，气候温和潮湿，陆生生物得到空前发展。由于这个时期形成了丰富的煤炭，所以取名为石炭纪。

古生代的最后一个时期是二叠纪，二叠纪是生物界的重要演化时期。

这个时期较为耐旱的裸子植物、松柏类大大增加。三叶虫灭绝，昆虫界空前繁荣。同时，爬行类生物也开始大大增加。

J小香：

听起来像是一个充满探索的时代。

哈小奇：

确实是的！而在古生代末期，发生了一次重大的灭绝事件，可能与大规模火山喷发或陨石撞击有关。这场灭绝事件导致了许多生物的灭绝，但也为后来的中生代开启了新的篇章。

丁小香：

古生代的故事真是丰富多彩，让人充满好奇和敬畏。感谢你的详细介绍，让我更好地了解了这个古老而奇妙的时期。

哈小奇：

是的，在古生代，地球上涌现了各种古老的生命形式，如早期的单细胞生物和海生无脊椎动物。这一时期也见证了第一次的大规模生物大爆发，尤其是寒武纪时期，生物多样性显著增加。

接着是中生代，这是一个充满了恐龙的时代，从 2.5 亿年前一直延续到 6500 万年前。

丁小香：

哇，中生代听起来像是一个让人期待的时期！

哈小奇：

中生代被称为“恐龙时代”，因为这个时期是恐龙繁荣的黄金时代。这段时期被分为三个阶段，依次是三叠纪、侏罗纪和白垩纪。

丁小香：

那我们从三叠纪开始说吧！

哈小奇：

三叠纪以一次灭绝事件开始，因此这个时期的生物开始时分化很厉害。六放珊瑚亚纲是这个时期出现的，第一批被子植物和第一种会飞的脊椎动物（翼龙）也在这个时期出现。世界上最早的乌龟——原颚龟也出现在三叠纪晚期。

三叠纪的气候非常干燥，留下的红色沙石至今都可以看到。当时南北极没有冰盖，靠近海洋的地方温暖湿润，但由于当时陆地面积十分广阔，海风吹不到内陆，所以大陆中心变成了沙漠。这样的环境直接或间接导致了恐龙等大批爬行类生物出现。

丁小香：

是恐龙的诞生时代呢，那么下一个是侏罗纪！

哈小奇：

侏罗纪时期，陆地上的生命到了新的繁盛期。恐龙开始成为陆地生态系统的主导者，它们在各个形态和大小上都迅速演化。例如，梁龙、翼龙等就是在侏罗纪时期发展和进化而成。

同时，侏罗纪还见证了一些重要的地质、生态事件，如古老的大陆开始分裂，形成了大西洋。这对于陆地动植物的分布和演化产生了深远的影响。

丁小香：

然后是白垩纪了？

哈小奇：

对的！白垩纪是中生代的第三个时期，也是最后一个时期。这时期的一个重大事件是冈瓦纳大陆的分裂，导致了南美洲和非洲的分离，以及印度、澳大利亚的逐渐漂移。同时，白垩纪的恐龙种类达到极盛，著名的恐龙霸王龙就出现在这一时期。

而白垩纪末期，又出现了一次重大的生物灭绝事件。恐龙也在这次灭绝事件中消失。这一事件可能与陨石撞击地球、火山喷发等因素有关，对地球生态系统产生了极大的冲击。

丁小香：

我听说过恐龙灭绝的故事。

哈小奇：

白垩纪末期的生物灭绝事件对地球生态产生了深远的影响，中生代就此结束，开启了新生代的篇章。

丁小香：

中生代见证着生命的繁荣和变迁。

哈小奇：

中生代的故事确实让人着迷，充满了惊喜和奇迹。随着地球的演变，生命也在这个时期达到了新的高峰。

最后我来介绍一下新生代，这是一个包含了现代生态系统和人类演化的时期，从约 6500 万年前一直延续至今。

丁小香：

新生代是地球历史上最新的地质时代。

哈小奇：

是的。新生代分为古近纪、新近纪和第四纪。古近纪和新近纪是生态系统发展和哺乳动物繁荣的时期，而第四纪则见证了人类的崛起和现代动植物的演化。

丁小香：

那我们先从古近纪开始说吧。

哈小奇：

好的！古近纪是近代生物的发生和启蒙时期。这个时期，哺乳动物除陆地生活的以外，还有空中飞的蝙蝠、水里游的鲸类等，被子植物繁盛。古近纪可分为古新世、始新世和渐新世。在古新世，古动物群中“古老”种类或“土著”类型居多。始新世是哺乳动物的巩固时代，哺乳动物开始呈爆发式发展。到了渐新世，生物界开始具有更现代化的面貌，生物多样性继续发展。

古近纪之后是新近纪。新近纪包括中新世和上新世，是地史上发生过大规模冰川活动的少数几个纪之一。这个时期，哺乳动物的形体渐趋变大，一些古老类型灭绝，高等植物与现代区别不大，低等植物中硅藻较多见。这一时期是人类文明发展的起始阶段，原始人类的出现成为新近纪最突出的事件。

丁小香：

然后是第四纪了？

哈小奇：

是的！第四纪是新生代的最后一个时期，包括更新世和全新世。从第四纪开始，全球气候出现了明显的冰期和间冰期交替的模式。寒冷的冰川气候迫使北半球的蜥蜴、蛇类和滑体两栖动物向南迁徙，并发展出多种有皮毛、更能适应寒冷气候的大型哺乳动物。

在第四纪，生物界已进化到现代面貌。人类也从灵长目中的猿逐渐完成了从猿到人的演化。随着时间的推移，人类逐渐掌握了火的利用、制造工具和艺术创作，开始在地球上建立起自己的文明。

丁小香：

那人类的进化应该是第四纪最重要的事件了。

哈小奇：

是的，丁小香。第四纪是全球气候变化频繁、生物多样性丰富、人类文明迅速发展的时期。在这一时期，现代动植物群落逐渐形成，而人类的进化与发展更是在地球的历史上留下了深远的烙印。

丁小香：

新生代处处呈现出现代面貌，让我体会到了“生生不息”的深刻含义。

哈小奇：

没错，新生代是属于现代生物的时代。显生宙的三个地质时代，记录了地球上生命的演变、地质变化以及环境的起伏。深入了解这些时代有助于我们更好地理解地球的演变历程，也能更好地应对当今世界面临的生态和环境挑战。